中国古代
天文历法与二十四节气

王 俊 著

中国商业出版社

图书在版编目（CIP）数据

中国古代天文历法与二十四节气 / 王俊著 . -- 北京：
中国商业出版社，2022.1

ISBN 978-7-5208-1718-9

Ⅰ . ①中… Ⅱ . ①王… Ⅲ . ①古历法－中国－普及读
物②二十四节气－中国－古代－普及读物 Ⅳ .
① P194.3-49 ② P462-49

中国版本图书馆 CIP 数据核字（2021）第 157942 号

责任编辑：管明林

中国商业出版社出版发行

010-63180647　　www.c-cbook.com

（100053　北京广安门内报国寺 1 号）

新华书店经销

三河市吉祥印务有限公司印刷

*

710 毫米 ×1000 毫米　16 开　16 印张　221 千字

2022 年 1 月第 1 版　2022 年 1 月第 1 次印刷

定价：40.00 元

* * * *

（如有印装质量问题可更换）

《中国传统民俗文化》编委会

序　言

　　中国是举世闻名的文明古国，在漫长的历史发展过程中，勤劳智慧的中国人创造了丰富多彩、绚丽多姿的文化。这些经过锤炼和沉淀的古代传统文化，凝聚着华夏各族人民的性格、精神和智慧，是中华民族相互认同的标志和纽带，在人类文化的百花园中摇曳生姿，展现着自己独特的风采，对人类文化的多样性发展做出了巨大贡献。中国传统民俗文化内容广博，风格独特，深深地吸引着世界人民的眼光。

　　正因如此，我们必须按照中央的要求，加强文化建设。2006 年 5 月，时任浙江省委书记的习近平同志就已提出："文化通过传承为社会进步发挥基础作用，文化会促进或制约经济乃至整个社会的发展。"又说，"文化的力量最终可以转化为物质的力量，文化的软实力最终可以转化为经济的硬实力。"（《浙江文化研究工程成果文库总序》）2013 年他去山东考察时，再次强调：中华民族伟大复兴，需要以中华文化发展繁荣为条件。

　　正因如此，我们应该对中华民族文化进行广阔、全面的检视。我们应该唤醒我们民族的集体记忆，复兴我们民族的伟大精神，发展和繁荣中华民族的优秀文化，为我们民族在强国之路上阔步前行创设先决条件。实现民族文化的复兴，必须传承中华文化的优秀传统。现代的中国人，特别是年轻人，对传统文化十分感兴趣，蕴含感情。但当下也有人对具体典籍、历史事实不甚了解。比如，中国是书法大国，谈起书法，有些人或许只知道些书法大家如王羲之、柳公权等的名字，知道《兰亭集序》是千古书法珍品，仅此而已。再如，我们都知道中国是闻名于世的瓷器大国，中国的瓷器令西方人叹为观止，中国也因此获得了"瓷器之国"（英语 china 的另一义即为瓷器）的美誉。然而关于瓷器的由来、形制的演变、纹饰的演化、烧制等瓷器文化的内涵，就知之甚少了。中国还是武术大国，然而国人的武术知识，或许更多来源于一部部精彩的武侠影视作品，对于真正的武术文化，我们也难以窥其堂奥。我国还是崇尚玉文化的国度，我们的祖先发现了这种"温润而有光泽的美石"，并赋予了这种冰冷的自然物鲜活的生命力和文化性格，如"君子当温润如玉"，女子应"冰清玉洁""守身如玉"；"玉有五德"，即"仁""义""智""勇""洁"；等等。今天，熟悉这些玉文化内涵的国人也为数不多了。

也许正有鉴于此，有忧于此，近年来，已有不少有志之士开始了复兴中国传统文化的努力之路，读经热开始风靡海峡两岸，不少孩童以至成人开始重拾经典，在故纸旧书中品味古人的智慧，发现古文化历久弥新的魅力。电视讲坛里一拨又一拨对古文化的讲述，也吸引着数以万计的人，重新审视古文化的价值。现在放在读者面前的这套"中国传统民俗文化"丛书，也是这一努力的又一体现。我们现在确实应注重研究成果的学术价值和应用价值，充分发挥其认识世界、传承文化、创新理论、资政育人的重要作用。

中国的传统文化内容博大，体系庞杂，该如何下手，如何呈现？这套丛书处理得可谓系统性强，别具匠心。编者分别按物质文化、制度文化、精神文化等方面来分门别类地进行组织编写，例如，在物质文化的层面，就有纺织与印染、中国古代酒具、中国古代农具、中国古代青铜器、中国古代钱币、中国古代木雕、中国古代建筑、中国古代砖瓦、中国古代玉器、中国古代陶器、中国古代漆器、中国古代桥梁等；在精神文化的层面，就有中国古代书法、中国古代绘画、中国古代音乐、中国古代艺术、中国古代篆刻、中国古代家训、中国古代戏曲、中国古代版画等；在制度文化的层面，就有中国古代科举、中国古代官制、中国古代教育、中国古代军队、中国古代法律等。

此外，在历史的发展长河中，中国各行各业还涌现出一大批杰出人物，至今闪耀着夺目的光辉，以启迪后人，示范来者。对此，这套丛书也给予了应有的重视，中国古代名将、中国古代名相、中国古代名帝、中国古代文人、中国古代高僧等，就是这方面的体现。

生活在 21 世纪的我们，或许对古人的生活颇感兴趣，他们的吃穿住用如何，如何过节，如何安排婚丧嫁娶，如何交通出行，孩子如何玩耍等，这些饶有兴趣的内容，这套"中国传统民俗文化"丛书都有所涉猎。如中国古代婚姻、中国古代丧葬、中国古代节日、中国古代民俗、中国古代礼仪、中国古代饮食、中国古代交通、中国古代家具、中国古代玩具等，这些书籍介绍的都是人们颇感兴趣、平时却无从知晓的内容。

在经济生活的层面，这套丛书安排了中国古代农业、中国古代经济、中国古代贸易、中国古代水利、中国古代赋税等内容，足以勾勒出古代人经济生活的主要内容，让今人得以窥见自己祖先的经济生活情状。

在物质遗存方面，这套丛书则选择了中国古镇、中国古代楼阁、中国古代寺庙、中国古代陵墓、中国古塔、中国古代战场、中国古村落、中国古代宫殿、中国古代城墙等内容。相信读罢这些书，喜欢中国古代物质遗存的读者，已经能掌握这一领域的大多数知识了。

除了上述内容外，其实还有很多难以归类却饶有兴趣的内容，如中国古代乞丐这样的社会史内容，也许有助于我们深入了解这些古代社会底层民众的真实生活情状，走出武侠小说家加诸他们身上的虚幻的丐帮色彩，还原他们的本来面目，加深我们对历史真实性的了解。继承和发扬中华民族几千年创造的优秀文化和民族精神是我们责无旁贷的历史责任。

不难看出，单就内容所涵盖的范围广度来说，有物质遗产，有非物质遗产，还有国粹。这套丛书无疑当得起"中国传统文化的百科全书"的美誉。这套丛书还邀约大批相关的专家、教授参与并指导了稿件的编写工作。应当指出的是，这套丛书在写作过程中，既钩稽、爬梳大量古代文化文献典籍，又参照近人与今人的研究成果，将宏观把握与微观考察相结合。在论述、阐释中，既注意重点突出，又着重于论证层次清晰，从多角度、多层面对文化现象与发展加以考察。这套丛书的出版，有助于我们走进古人的世界，了解他们的生活，去回望我们来时的路。学史使人明智，历史的回眸，有助于我们汲取古人的智慧，借历史的明灯，照亮未来的路，为我们中华民族的伟大崛起添砖加瓦。

是为序。

傅璇琮

2014 年 2 月 8 日

目 录

第一篇　天文历法

第二篇 二十四节气

第一篇　天文历法

第一章

天上人间——中国古代天文学溯源

第一节　源远流长——天文学的萌芽

远古时代，我们的祖先在集体狩猎和采集的过程中，就对自然界寒来暑往、月亮的圆缺、昼夜的变化以及野兽出没的规律和植物成熟的季节有所认识。由于当时生产力发展水平十分低下，人们只能以采集野果和打猎为生，太阳出来了，人们出去采集食物、狩猎或捕鱼，当夜幕降临时就回到住所休息，躲避猛兽的侵袭。"日出而作，日入而息"生动地反映了当时人们对"日"的概念的认识。人们或是采用"迎日推策"记日，即每天迎着朝阳，翻过记日子的竹片；或是采用"结绳记日"，即过一天在绳子上打一个结的方法记日。对"月"的认识也很自然，在茫茫黑夜之中，人们仰望天空，比繁星大得多的月亮引起人们的注意，这不是由于它美丽的外貌，而是因为它有从圆到缺，以至消失的周而复始的月相变化。这种变化十分有规律，于是人们就把圆圆的满月到下一次满月（或者从看不见月亮到下一次看不见月亮）所经历的时间称作月，这种大自然挂出的月历，当然要比结绳记日、迎日推策准确多了。

当人类进入农耕社会以后，人们从生产的实践中体会到寒来暑往的季节变化与农作物的播种与收获关系极大，只有正确掌握季节时令，才能不误农时，及时耕种，保证丰收。比如，贵州省的瑶族民众只要听到布谷鸟的叫声，就开始播种。处于原始社会状态的云南省拉祜族民众，一看到篙子花开就开始翻地，傈僳族则以山顶积雪的变化来确定农时。但由于物候的变化往往受到气象等异常因素的影响，有时提前，有时滞后，不能十分准确地预告季节的变更，因此单凭植物的枯荣、候鸟的迁徙、动物的蛰伏等物候变化推测时间，确定农时，已经远远不能满足生产发展的需要。在长期的劳动生产实践中，古人发现物候与天象的周期变化有密切的联系，人们开始注意观察星象，首先是观测太阳。

1972 年，河南郑州大河村仰韶文化遗址出土的一个彩陶上就绘有太阳纹的图案，中心为圆点红色，四周用福彩绘有光芒，据有关专家考证，它绘于 5000 年以前。

1963 年，山东莒县陵阳河大汶口文化遗址出土的灰色陶尊（通高 62 厘米，口径 29.5 厘米）上绘有如右图所示的图案。有人认为这个符号上部的"〇"象征太阳，中间的"⌒"象征云气，下部的"山"象征五座山峰，山上的云气托出初升的太阳，生动形象地描绘了早晨日出的壮丽景色。在大汶口遗址中

大汶口文化遗址陶尊图案

央东方有寺崮山，春分时日出的情形就如图案中所表示的那样。这一图案记录了生活在氏族公社的人们对当时的景物和日出的细微观察，因此有人认为这个图案实际上就是最早用来表示日出的象形文字——"旦"。看来这个陶尊是春分时祭祀日出、祈保丰收的礼器。陶尊的年代距今大约 4500 年。

考古发掘中人们还发现在一些原始社会的文化遗址中，房屋都有一定的方向，氏族墓地上的墓穴的取向也很一致。这说明当时人们已经开始利用天象观测来定方向，反映了在新石器时代，由于农业、畜牧业发展的需要，天文学已开始萌芽，并有所发展。

第二节　远古的观测——观象授时

随着人类社会的进步和生产的发展，人们由以观测物候确定农时的阶段，向观测天象以定农时的观象授时阶段过渡，当进入观象授时阶段，人们就开始有目的地观察星象了。在我国古代以观测红色亮星"大火"（心宿二）为主。据传说早在距今4 000多年前的颛顼时代，古人就学会了观察"大火"星的出没，决定农时季节，并且专门设置了一个称为"火正"的官职，负责观测"大火"星的出没用以指导农事。据现代天文学理论推算，约在4 000年前的雨水节气，当太阳刚从西方地平线落下，"大火"星就从东方地平线上升起，此时正是春播的大好季节；当处暑节气到来时，大阳刚从西方落下，"大火"星就已过南天，向西方流去，此后不久，天气就要转凉，人们要忙于准备棉衣过冬了。《诗经》里脍炙人口的"七月流火，九月授衣"正是这一情形生动真实的写照。

知识链接

火　正

帝尧（陶唐氏）时设立的天文官，是颛顼的儿子阏伯，负责观测"大火"星，目的是"授民以时"，以便安排农业生产。"大火"星简称火、火星、大火，也叫辰星、商星，即心宿二。当"大火"星在东方黎明出现的时候正好是"春分",当"大火"星在西方不见的时候又是在"秋分",尧舜时代人们就很熟悉,并以它确定时间,所以才有了专门负责观测"大火"星的官员。

在《尚书·尧典》中记载了"日中星鸟,以殷仲春;日永星火,以正仲夏;宵中星虚,以殷仲秋;日短星昴,以正仲冬"4句话,意思是说:黄昏时在正南方看到"鸟"星(即星宿一)的月份,就是春季的第二个月,此时白天和黑夜等长;"大火"星(心宿二)在正南方的月份为夏季的第二个月,此时白天长,虚星(即虚宿一)在正南方的月份为秋季的第二个月,此时昼夜长短又相等;昴星(即昴宿一)在正南方的月份为冬季的第二个月,此时白天最短。这就是人们所熟悉的"四仲中星",即利用4组显著星象于黄昏时分出现于正南方来确定季节。据竺可桢考证,这是商末周初(公元前11世纪左右)时代的实际天象。

另一个用于预报季节的重要星象,是北斗七星。距今4 000多年前的夏代(公元前21—前16世纪),人们就已经发现利用初昏时北斗的斗柄指向可以判断季节,所谓斗柄是指北斗七星的第五、六、七颗星,即玉衡、开阳、瑶光三星。那时北斗星距离北天极很近,常年可见,明亮醒目。在一本战国时代(公元前475—前221年)的古书《夏小正》中,就有关于斗柄指向的3条记载,意思是说,在正月的黄昏时分,斗柄指向下方;六月时则指向上方;到了七月清晨时分斗柄指向下方。人们后来又发现,北斗七星的斗柄在天上绕着天北极绕圈子,将这一现象完整、准确地表达出来的是战国时代的鹖冠子,在他所著的《鹖冠子环流第五》中指出:"斗柄东指,天下昏害;斗柄南指,天下皆春;斗柄西指,天下皆秋;斗柄北指,天下皆冬。"当然这里所描述的情景都应是在黄昏时分观察到的结果,因此可以看出北斗七星在观象授时阶段的重要性。

此外,在成书于公元前11—前6世纪的《诗经》中还有许多以观测天象确定四时的例子，如"定之方中，作于楚宫"是指西周时的立冬前后，"定"星于初昏中天，此时农事已完，天气还不太冷，楚国的奴隶主就命令奴隶们去造皇宫了。又如"月离于毕，俾滂沱矣"，这是出征的士兵们在泥泞的路上雨中吟唱的诗句，意思是说，当新月运行到毕宿时，滂沱的雨季就要来临了。根据现代天文学理论推算，那时太阳正位于毕宿的对面，即心宿附近，秋分前后正是秋雨绵绵的季节。又如"月离于箕，风扬沙"指的是 4000 年前春分后 1 个月左右，满月在箕宿时，春天风沙扬起的情形，预示着天气转暖，万物更新。这些民歌都十分清楚地表述了恒星或月亮出没与季节的关系。西周时代天文学已十分普及，农夫戍卒、妇女儿童都很熟悉天下的星象，无怪乎明末进步的思想家顾炎武在《日知录》中写道："三代以上，人人皆知天文。七月流火，农夫之辞也，三星在户，妇人之语也，月离于毕，戍卒之作也；龙尾伏辰，儿童之谣也。"

　　总之，观测日月星辰，以向人们预报季节时令的观象授时阶段是一个相当长的历史时期，在我国古代天文学发展史中占有重要位置。它是我国产生古代科学天文学的过渡阶段，正是有了这样一个充分的准备阶段，我国天文学才得以在此基础上迅速地发展起来。

第二章

仰望星空——中国古代的星官体系

第一节　天上的宾馆——三垣二十八宿

遥望满天繁星，我们不禁会想：天上究竟有多少颗星，怎么知道这是什么星，那是什么星？虽然天上的星星看起来多不胜数，但我们眼睛所能看到的恒星不过3000多颗。古人为了观测和记忆的方便，将这些恒星划分成组，并根据其大致的形状给予命名，这就是现在所说的星座，中国古代叫作星官。不过，现代天文学使用的是西方星座体系，它把全天分成88个星座，并用希腊神话故事中的人物、动

中国星官图

物给予命名。中国古代将全天分成 283 个星官，这些星官的命名就像一个中国古代社会的缩影，有普通百姓及他们在日常生活中使用的工具，如老人、织女、斗、箕等；有皇族和为皇族服务的人员，如帝、太子、后妃、女史等；有官方的官僚体系，如三公、九卿等。

三国时期之前，中国一直流传甘、石、巫三家星官，他们的星官有同有异，没有统一标准。到了三国时期，吴国太史令陈卓将三家星官汇总到一起，得到 283 个星官，包括 1464 颗星。唐代出现的《步天歌》又将全天分成 31 个大区，即黄赤道带附近的二十八宿，北极附近天区的紫微垣，张、翼、轸三宿以北的太微垣和房、心、尾、箕四宿以北的天市垣，总称"三垣、二十八宿"体系。这种天区划分法一直延续到了清代。

一、三垣

三垣是指环绕北天极和比较靠近头顶的天空星象，分紫微、太微、天市 3 个天区，每个天区都有数量不等的星作为框架，照 3 个天区范围明显地划分出来，就像我们地面上的围墙一样，因此古人形象地将它称为"垣"，"垣"就是墙垣的意思。

紫微垣和天市垣的名称先在《开元占经》辑录的《石氏星经》中出现，太微垣的名称晚到唐初的《玄象诗》中才见到。在《史记·天官书》中也可见到和这三垣相当的星官，但其名称和星数则有所不同。可见三垣的形成曾有过一段演变和调整过程。在《步天歌》中，三垣成为 3 个天区的主体。

紫微垣包括北天极附近的天区，大体相当于拱极星区，拱极星是指位于天球之巅的北天极附近，一群环绕北极星逆时针旋转，永不下落的恒星。由于紫微垣居于北天中央的位置，又被称为中宫或紫微宫。它是天神的正殿，是天帝居住和执政的宫殿，给人以威严、神圣、壮观的感觉，多少文人墨客挥毫点墨，吟诗作赋，紫微宫常常出现在他们的作品中，在《西游记》中大闹天宫的孙悟空，就堂而皇之地出入紫微宫，连玉皇大帝也拿他没有办法；楚国的大诗人屈原和宋代的岳飞都曾在他们的诗中多次引用紫微垣中星官的星名，以抒发他们的情怀，可见紫微宫在古人心目中的地位。

太微垣在紫微垣的东北方向，即星宿、张宿、翼宿和轸宿以北的天区，位于北斗七星的南方，约占天空63度的范围，包括室女、后发、狮子等星座的一部分。

天市垣在紫微垣的东南方向，即房宿、心宿、尾宿、箕宿和斗宿等以北的天区，包括蛇夫、武仙、巨蛇、天鹰等星座的一部分。

紫微垣、太微垣和天市垣作为星官的名称起源较早，但定型却稍晚。

结合现代星座划分，三垣具体方位如下。

1. 紫微垣

紫微垣是三垣的中垣，居于北天中央，所以又称中宫或紫微宫。紫微宫即皇宫的意思，各星多数以官名命名。在北斗东北，有星15颗，东西列，以北极星为中枢，呈屏藩形状。东藩八星，由南起叫左枢、上宰、少宰、上弼、少弼、上卫、少卫、少丞（即天龙座 ι 、θ 、η 、ζ 、ν 、73，仙王座 π ，仙后座23）；西藩7星，由南起叫右枢、少尉、上辅、少辅、上卫、少卫、上丞（即天龙座 α 、χ 、λ ，鹿豹座43、9、H1），左右枢之间叫"阊阖门"。紫微垣名称最早见于《开元占经》辑录的《石氏星经》中。

它以北极为中枢，东、西两藩共15颗星。两弓相合，环抱成垣。整个紫微垣据宋皇祐年间的观测记录，共含37个星座，附座2个，正星163颗，增星181颗。它的天区大致相当于现今国际通用的小熊、大熊、天龙、猎犬、牧夫、武仙、仙王、仙后、英仙、鹿豹等星座。

2. 太微垣

太微垣是三垣的上垣，位居于紫微垣之下的东北方。在北斗之南，轸宿和翼宿之北，有星10颗，以五帝座为中枢，呈屏藩形状。东藩4星，由南起叫东上相、东次相、东次将、东上将（即室女座 γ 、δ 、ε 与后发座42）；西藩4星，由南起叫西上将、西次将、西次相、西上相（即狮

子座 σ、ι、θ、δ）；南藩 2 星，东称左执法（即室女座 η），西称右执法（即室女座 β）。太微垣名称始见于唐初的《玄象诗》。

太微垣约占天空 63 度范围，以五帝座为中枢，共含 20 个星座，正星 78 颗，增星 100 颗。它包含室女、后发、狮子等星座的一部分。太微即政府的意思，星名亦多用官名命名，例如，左执法即廷尉，右执法即御史大夫等。

3.天市垣

天市垣是三垣的下垣，位居紫微垣之下的东南方向。在房宿和心宿东北，有星 22 颗，以帝座为中枢，呈屏藩形状。东藩 11 星，由南起叫宋、南海、燕、东海、徐、吴越、齐、中山、九河、赵、魏（即蛇夫座 η，巨蛇座 ξ，蛇夫座 ν，巨蛇座 η、θ，天鹰座 ζ，武仙座 112、ο、μ、λ、δ）；西藩 11 星，由南起叫韩、楚、梁、巴、蜀、秦、周、郑、晋、河间、河中（即蛇夫座 ζ、ε、δ，巨蛇座 ε、α、δ、β、γ，武仙座 χ、γ、β）。

天市垣约占天空的 57 度范围，大致相当于武仙、巨蛇、蛇夫等国际通用星座的一部分，包含 19 个星官（座），正星 87 颗，增星 173 颗。天市即集贸市场，《晋书·天文志》中云："天子率诸侯幸都市也。"故星名多用货物、量具、经营内容的市场命名，如《晋书·天文志》云：帝座"立伺阴阳也"，斛和斗"立量者也"，斛用以量固体，斗则用以量液体，列肆"立宝玉之货"，是专营宝玉的市场，车肆"主众货之区"，是商品市场，市楼"市府也，主市价、律度、金钱、珠玉"等。

关于三垣的创始年代，尚无肯定的结论，从典籍来看，紫微垣和天市垣作为星官，首见于辑录石申所著《石氏星经》的《开元占经》一书中，而太微垣的名称始见于唐初的《玄象诗》。但是，在《史记·天官书》中已载有和三垣相当的星官名称。天市垣东、西两藩的星均用战国时代的国名命名，亦是三垣创始年代的一个佐证。

二、二十八宿

当仰望天穹，繁星点点，大自然赋予人们的好像是一幅永不改变的图景，只有几个行星在众多恒星中有规律地往返不息，这使人们不由得联想，以这些恒星作为背景，来描述太阳、月亮及五大行星的运行规律不就有章可循了吗？经过长期对星空的观测，人们就将黄道、赤道附近的星空划分为28个星空区，定为二十八宿，作为观测的坐标。"宿"或"舍"，有"停留"的意思。《史记·律书》说："舍者，日、月所舍。"在《步天歌》中二十八宿也成为28个天区的主体。这些天区也仍以二十八宿的名称为名称。不过和三垣的情况不同，作为天区，二十八宿主要是区划星官的归属。而在天象记录中，大量使用的"入×宿"的字样，这里的"宿"所包括的范围，同二十八宿所指的天区是有区别的。二十八宿就好像我们地面上的车站一样，是太阳、月亮及五大行星旅行中的"驿站"，正如东汉王充在《论衡·谈天》中所说："二十八宿为日月舍，犹地有邮亭，为长吏廨矣！"如果你想知道太阳、月亮现在到了什么位置，只要知道它在二十八宿中属于哪一个宿就行了。

知识链接

论　衡

《论衡》一书为东汉王充（27—97年）所作，大约作成于汉章帝元和三年（86年），现存文章有85篇（其中的《招致》仅存篇目），实存84篇。

东汉时期，儒家思想在意识形态领域里占支配地位，但与春秋战国时期所不同的是，儒家学说打上了神秘主义的色彩，掺进了谶纬学说，使儒学变成了"儒术"。而其集大成者并作为"国宪"和经典的是皇帝钦定的《白虎通义》。王充写作《论衡》一书，就是针对这种儒术和神秘主义的谶纬说进行批判。《论衡》细说微论，解释世俗之疑，辨照是非之理，即以"实"为根据，疾虚妄之言。"衡"字本义是天平，《论衡》就是评定当时言论的价值的天平。它的目的是"冀悟迷惑之心，使知虚实之分"（《论衡·对作》篇）。因此，它是古代一部不朽的唯物主义的哲学文献。

有关二十八宿所涉及的问题较多，例如，二十八宿的起源，创始年代，它是沿赤道划分的还是沿黄道划分的？二十八宿距星的选取有什么依据？为什么有亮星和暗星之别？二十八宿的距度为什么大小不均？还有人提出为什么要把星空划分为二十八宿，而不是二十九宿、三十宿？诸如此类的问题有些到目前为止还没有十分令人满意的结论，有些尚在探讨当中，我们只能根据目前学术界较为一致的见解作一概括的叙述。

1. 二十八宿的名称

二十八宿的名称从角宿开始，自西向东排列，与日、月视运动的方向相同。它们分别为：

东方七宿：角、亢、氐、房、心、尾、箕；

南方七宿：井、鬼、柳、星、张、翼、轸；

西方七宿：奎、娄、胃、昴、毕、觜、参；

北方七宿：斗、牛、女、虚、危、室、壁。

此外，还有靠近这些星官与它们关系密切的一些星官，如钩钤、坟墓、离宫、附耳、伐、钺、积尸、右辖、左辖、长沙等，分别附属于房、危、室、毕、参、井、鬼、轸等宿内，称为辅官或附座。二十八宿包括辅官或附座星在内共有星182颗。唐代天文学家李淳风撰写《晋书·天文志》时，将神宫一列为尾宿的辅官，因而总星数增加为183颗。

在二十八宿中，每一宿所包含的恒星都不止一颗，从各宿中选定一颗星作为精确测量天体坐标的标准，叫作这个宿的距星。下宿距星和本宿距星之间的赤经差，叫作本宿的赤道距度（简称距度）。赤道距度循赤经圈往黄道上的投影所截取的黄道度数叫作黄道距度。一个天体在某宿距星之东，并且和该宿距星之间的赤经差小于该宿距度的话，就称为入该宿，这个赤经差就称为该天体的入宿度，写作"入 × 宿 × 度"。再配上该天体与天北极间的角距离——"去极度"，就成为中国古代的一对赤道坐标分量。距星选定之后，由于岁差的原因，各宿距度还在不断变化。但是这种变化相当缓慢。西汉初年的《淮南子·天文训》中所列二十八宿距度数值如下：角：12度；亢：9度；氐：15度；房：5度；心：5度；尾：18度；箕：11又1/4度；斗：26度；牵牛：8度；须女：12度；虚：10度；危：17度；营室：16度；东壁：9度；奎：16度；娄：12度；胃：14度；昴：11度；毕：16度；觜：2度；参：9度；东井：33度；舆鬼：4度；柳：15度；七星：7度；张：18度；翼：18度；轸：17度。各宿距度的总和为365又1/4度。二十八宿的距度大小相差悬殊，最大的井宿达到33度，最小的觜宿只有2度。二十八宿的分布为何如此不均匀，是研究二十八宿起源尚未解决的问题。

　　二十八宿距星的选取，古今也不相同。汉代以前存在一套与后世不同的二十八宿距星。1977年安徽省阜阳地区出土一件西汉初年的刻有二十八宿距度的圆形漆盘，其距度数值与汉以后的数值有很大差异。据研究，这是距星的选取与汉代以后不同造成的。

　　2. 二十八宿的划分

　　古人为什么把天空划分为28个天区，他们是依据什么原则来划分的？仁者见仁，智者见智，天文学家们提出了多种看法。

　　第一种看法是月亮恒星周期说：月亮相对于恒星而言，每天自西向东运动，每27.30天绕天球一周，又回到它初始的位置，我们称这一周的时间为一个恒星月，月亮一天经过一宿，故有二十七宿或二十八宿的划分，但细想起来也存在问题。月亮每天在天球上比较均匀地运行，为13度多，而二十八宿间的悬殊却很大，大到33度，小至2度，这又如何解释呢？

　　第二种看法是土星恒星周期说。古人经过研究五大行星在天空中的运动，发现土星绕天一周需要28年多，它每年坐镇一宿，所以秦代以前又称为"镇星"（或"填星"，即一年填一宿）。但根据现代天文学理论可知，土星的恒星周期不是28年，而是29年多。这样解释还是有些牵强，于是人们继续追寻和探索。

第三种看法是四七相配说，就是将周天分为东方青龙，西方白虎，南方朱雀，北方玄武四象，每象包含七宿，因此四乘七得二十八宿。看来第三种看法比较令人信服。

3. 四象与二十八宿

二十八宿与四象的关系相当密切。将二十八宿分成四组，每组七宿，分别以东、西、南、北四个方位，青、红、白、黑4种颜色，龙、鸟、虎、龟4种动物相配，称为四象。

四象的划分是以古代春分前后初昏时的天象作为依据的，那时南方七宿中的七星正当南中天，东方七宿中的房宿处于东方地平线

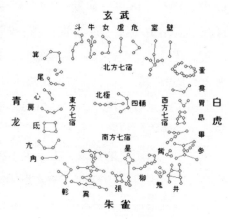

二十八宿与四象

附近，西方七宿中的昴宿处于西方地平线附近，北方七宿中的虚宿处于地平线下与七星相对应的位置上，因此素有"前朱雀，后玄武，左青龙，右白虎"之说。汉代科学家张衡曾经用文学语言生动地描述过它们，"苍龙连蜷于左，白虎猛踞于右，朱雀奋翼于前，灵龟圈首于后"。至于二十八宿与四象的创立孰先孰后，以前曾有人认为依据事物由浅入深、由粗到精发展推理演绎为二十八宿应在四象之前，但经过各方面的分析，有理由证明，四象同二十八宿中某些宿名是在相互独立的基础上发展起来的。曾一度流行将全天分成五宫之说，即中宫为北斗七星，象征日、月、五星，以四象配四方，每方七宿的说法，但由于当时宿名尚不足28个，因此古人从四象身体的各个部分设想，比如东方苍龙，从角宿到箕宿看成一条龙，

南宿像龙角，氐、房二宿像龙身，尾宿像龙尾，其他三象也是如此，经过个别的调整和补充出现了四象二十八宿体系，可以说是四象促进了二十八宿的形成。

　　1988 年河南濮阳西水坡 45 号墓的考察结果也可以得出同样的结论，在用贝壳堆塑的北斗七星图案下，墓主左右两旁堆有贝壳塑成的白虎和苍龙的图案，这表明在公元前 5000 年左右人们已对白虎和苍龙两星象有所认识，是四象早于二十八宿的一个佐证。

知识链接

河南濮阳西水坡 45 号墓

　　位于河南省濮阳老城西南隅。1987 年 5 月，在开挖引黄供水调节的工程中发现，遗址的西、南两面是始建于五代后梁时的雄伟古城墙。依法报经文化部批准后，于同年 6 月开始科学发掘。该遗址的文化层，自上而下是宋、五代、唐、晋、汉以及黄河淤积层，东周、商文化层，龙山文化层和仰韶文化层。仰韶文

河南濮阳西水坡 45 号墓贝塑

化层又可分为上、中、下三层。西水坡遗址发掘清理了众多遗迹，如灰坑、窖穴、房基、窑址、沟、成人墓葬、儿童瓮棺葬、东周阵亡士卒排葬坑，以及大量的陶、骨、石、蚌器等遗物，还有丰富的动物遗骸。更重要的是在这个形制奇特的墓葬中，古人用蚌壳摆塑出了一幅天文星图，其年代约为距今 6500 年，将中国天文学发展史上最早的物证提前了近 3000 年。

　　墓葬遗迹包括彼此关联的 4 个部分，这 4 处遗迹自北而南等间距

地沿一条子午线分布，而且异常准确。遗迹北部是45号墓，墓穴南边圆曲，北边方正，东西两侧呈凸出的弧形，老年男性墓主头南足北仰卧其中，周围葬有3位少年。在墓主骨架旁边摆放有3组图像，东为蚌龙，西为蚌虎，蚌虎腹下尚有一堆散乱的蚌壳，北边则是蚌塑三角图形，三角形的东边特意配置了两根人的胫骨。45号墓南端20米处分布着第二组遗迹，由蚌壳堆塑的龙、虎、鹿、鸟和蜘蛛组成，其中蚌塑的龙、虎蝉联为一体，虎向北，龙向南，蚌鹿卧于虎背，鹿的后方则为蚌鸟，鸟与龙头之间则是蚌塑蜘蛛，蜘蛛前方放置一件磨制精细的石斧。距第二组遗迹南20米处分布着第三组遗迹，包括由蚌壳摆塑的人骑龙、虎、鸟的图像，以及圆形和一些散乱的蚌壳。蚌虎居北，蚌人骑龙居南，做奔走状。第一组蚌塑图像直接摆放于黄土之上，第二组和第三组蚌塑图像，则堆塑于特意铺就的灰土之上。在这南北分布的3处遗迹的南端20米处，是31号墓。墓中葬有一位少年，头南仰卧，两腿的胫骨已被截去。西水坡墓葬中除北斗外，蚌龙、蚌虎的方位与二十八宿主配四象的东、西两象完全一致，所反映的星象位置关系与真实天象也相符。

此外，在1978年湖北随县擂鼓墩发掘出的战国早期曾侯乙墓中，出土的二十八宿漆箱盖，在斗字的四周配以二十八宿的名称，且有白虎和青龙的图像，亦说明了这一点。

📚 知识链接

四　象

四象（或作四相）在中国传统文化中指青龙、白虎、朱雀、玄武，分别代表东、西、南、北4个方向。在二十八宿中，四象用来划分天上的星星，也称四神、四灵。中国传统方位是以南方在上方，和现代以北方在上方不同，所以描述四象方位，又会说左青龙（东）、右白虎（西）、前朱雀（南）、后玄武（北）来表示，并与五行学在方位（东木西金，北水南火）上相呼应。四象的概念在古代的日本和朝鲜极度受重视，这些国家常以四圣、四圣兽称之。值得注意的是，虽然近来受到日本流行文化的影响，而开始习惯这种说法，但事实上中国历来对此四象并没有四圣的说法，一般所指的四圣乃伏羲、文王、周公和孔子4个圣人。

4. 二十八宿的分布

对于二十八宿到底是沿黄道还是沿赤道分布的，古来一直存有争议。一些学者坚持认为二十八宿是沿黄道划分的，理由是太阳、月亮、行星在天球上的视运动都是在黄道附近，因此二十八宿肯定与黄道有关。但有相当一部分学者认为二十八宿是沿赤道分布的，因为中国古代天象观测一直以赤道坐标为尺度，而作为观测标志的二十八宿就应是沿赤道带分布的了。但最近一些学者提出二十八宿既不是沿黄道，也不是沿赤道，而是沿黄赤道带分布的。他们认为，根据现代天文学理论推算，在距今3500年以前，是二十八宿与赤道带吻合最好的时期，即冬至在虚，夏至在星，春分在昴，秋分在房。但即使在这一时期，二十八宿中也只有一半星宿是沿赤道带分布，而另一半则是沿黄道分布的，所以不能绝对地认为二十八宿是沿赤道带分布的。从我国天文学发展的历史来看，星座的名称出现在坐标概念形成之前。从很早的时代起，人们就用古代神话传说中的人物或事件来命名星座的名称，如牛郎星、织女星等，而赤道、黄道坐标概念的建立远在此之后，因此不能认为古代人们是有意识地把二十八宿中的星宿沿赤道分布，只能是后人赋予古星座的名称新的用途和意义，使其大致分布在黄赤道一带。这种看法看来比较合乎情理，当然这还有待于新的物证及出土文物来进一步证实。

5. 二十八宿的创立

在古籍中二十八宿中的部分星宿出现较早，如在殷墟甲骨文中就有火、昴、鸟等恒星的名称，在《尚书·尧典》中亦提及鸟、火、虚、昴四星的名字，当这四颗星南中天时，正是春、夏、秋、冬四季。在其后的《诗经》中已有二十八宿中"火、箕、斗、定、昴、毕、参、牛、女"9颗星的名称。二十八宿的全称出现于《吕氏春秋》中。关于二十八宿创立的年代，夏鼐在进行深入研究之后，比较稳妥地提出二十八宿体系创立年代，最早为战国中期（公元前4世纪）。论点所依据的史料为甘德所著的《天文星占》和石申所著的《甘石星经》二书。这一说法在当时得到了天文学史界的认可。但一个理论的正确与否需要经过实践来证实和检验。1978年，湖北随县擂鼓墩一号墓中出土的漆箱盖。盖面中央有一个很大的篆文粗体"書"（斗）字，斗字的周围为按顺时针方向排列的二十八宿，还有与之相对应的头尾方向相反的青龙、白虎图像。该墓下葬的时间为公元前433年，可见二十八宿形成至少应在公元前5世纪的战国初期。如果考虑到二十八宿只是作为一般性的装饰条纹，绘画在箱盖上这一因素，我国二十八宿的起源可能会更早一些。

6. 古代印度等国的二十八宿

中国以外，古代印度（包括今日的巴基斯坦和孟加拉国等地）、阿拉伯、伊朗、埃及等国，也都有类似中国的二十八宿体系。由于伊朗、阿拉伯、埃及等国的二十八宿出现时代较晚，而且与古代印度的二十八宿相似之处较多，所以一般都认为古代这些地区的二十八宿是从古代印度传播去的。印度的二十八宿作月站（Nakshatra，或音译为纳沙特拉）。有二十七宿与二十八宿两种。二十七宿出现较早，并且一直以二十七宿为主，二十八宿是后来增加而成的。二十七宿加上"麦粒"（Abhijit）一宿（其联络星为织女星），成为二十八宿。古代印度二十八宿以"剃刀"（Krittica，即中国的昴宿）为起始宿。

古代印度二十八宿中，每宿也选定一颗亮星为代表，称主序联络星（Yogatara）。但是它并不起中国二十八宿距星的作用。每宿的划分也不以主星为标准，而是由二十七宿来等分黄道度数，每宿平均占 13°20′，总和为 360°。

关于二十八宿的起源地的问题，是起源于中国，还是起源于古代印度，尚无定论。

第二节　珍贵的记录——中国古代的星表与星图

我国古代历来十分重视对恒星的观测，早在殷商时代就有萌芽，以后历代又有所发展，其中主要包括观测恒星在天空中的确切位置，恒星的数目以及由这些恒星所组成的星官，而星表和星图则是这些观测成果的总结。

一、甘石巫三家星表

我国古代最早的星表要属《石氏星表》，在《石氏星表》的后面常可发现"甘氏曰"的字样，这说明甘氏也曾经编制过星表。据史书记载，石申是战国时期魏国的天文学家，他的主要著作有《天文》八卷，甘德是战国时代与石申齐名的天文学家，著有《天文星占》八卷。他们所著的这两本书均已佚失。所幸的是在唐代的天文著作《开元占经》中节录了《石氏星表》和《天文星占》的许多内容，其中标有"石氏曰"的 121 颗恒星的坐标位置（在今本的《开元占经》中丢失了 6 颗石氏中官星，只剩下 115 颗恒星的坐标位置），《石氏星表》中用"距度"和"去极度"来表示二十八宿距星的坐标，用"入宿度"和"去极度"来表示其他恒星的位置。

关于《石氏星表》中所载恒星度数的确切观测年代，曾一度产生过质疑，有些专家认为是战国时期所测，有些专家则认为是汉代后人所测。目前学术界比较一致的看法是《石氏星表》为战国中期石申所测，只是有一部分数值佚失后，又于 2 世纪补测。看来这种观点是比较公允的。

在《开元占经》中还节录有"甘氏星占"的条文，其中有中宫星 59 座，201 星；外官星 39 座，209 星；紫微垣星 20 座，101 星，合计 118 座，511 星，但甘氏中外星官并未给出具体的坐标度数，仅记载了星数，以及与其他星座的相对位置。

与甘氏和石氏星经同时代的还有巫咸星表，其中包括 44 座星官，144 颗星。巫咸为殷朝的贤臣。

三国时代的吴国太史令陈卓将甘德、石申、巫咸三家星完整理汇总为 283 官，1464 颗星的星座系统，并且加上了注释，后人之所以常提"石氏星表"，而"甘氏星表"和"巫咸星表"却很少论及，是因为前者给出了恒星具体详细的赤道坐标度数，而后者仅记载了星数及其相对位置。

"石氏星表"比古希腊天文学家依巴谷在前 2 世纪编制的星表还要早约 2 个世纪，是世界上最早的星表。

二、古老的星图

星图是人们对星空的形象记录，缀满繁星的天穹表面上好像是一盘散沙，毫无秩序，实际上天文学家早就把它们分组、归类，确定其大致的位置，就像绘制地图一样绘制了星图。人们可以像查阅地图一样查阅它，手持星图，仰望星空，点点繁星都可以对号入座，人们再也不会对它们感到扑朔迷离了。

我国古代保留下来的或陆续出土的星图，大致可以分为两类，一类属于示意性星图，往往刻画在建筑物上，或绘制在墓壁的墓顶或棺椁上，作为美术装饰，这类星图准确性不高，内容不完备，画法也比较简单，有些只有局部的天区，有些则把星座的图像与古代的神话传说联系在一起，这类星图科学意义不大。但对于我们了解那一时期古人对星象的认识水平以及当时社会发展的程度具有一定的参考价值。另一类星图属于科学性的星图，主要为天文学家所用，它们常常表现全天或部分天区的星象，位置比较准确，星数也较多，是较为重要的天文文物。

1. 示意性星图

随着出土文物的增多，示意性星图日渐丰富。

例如马王堆一号汉墓出土的帛画天象图，在图上部右侧绘有红日、金乌和扶桑，左侧为弯月、蟾蜍和玉兔，在日月之间是众多的星辰，整个图像弥漫着浓厚的天文色彩。

河南南阳东汉画像砖上的牛郎织女星象图更是一幅典型的将男耕女织的神话传说与星象联系在一起的示意性星图，在画像的中间雕一斑斓猛虎，老虎的右上方有一人扬鞭牵牛，其上三星连线为牵牛星；虎的左下方四星连成"门"形，内有一高髻女子拱手跽坐，为织女星。

马王堆一号汉墓出土的帛画天象图

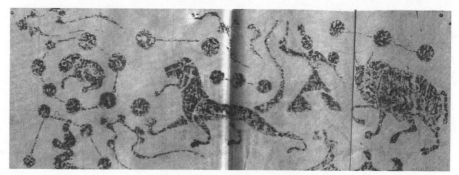

东汉画像砖—牛郎织女星象图

河北宣化出土的辽代彩色星象图也很精彩。星图的中心嵌有一直径为35厘米的铜镜，象征着天空的中心，四周有莲花瓣状的图案，每颗星都用涂有红、蓝颜色的团点表示，星与星之间直线相连，在中心莲花的周围、东北绘有北斗七星。在围绕垂莲的四周，绘有九大圆圈，正东偏南的一个代表太阳，内画有一展翅南飞的金乌，其余8个分别代表金、木、水、火、土五大行星、月亮、罗睺和计都；在里图的第二层，按周天历位画有二十八宿；最外层画有代表黄道十二宫的圆圈。这是首次在中国古星图中发现绘有黄道十二宫的图案，但图中的十二宫与古代巴比伦的十二宫不完全相同，各具特色。从这幅星图中可以看到我国少数民族与汉族在文化上的紧密联系，更反映了中国古代与其他国家天文学上的交流，因为罗睺、计都和黄道十二宫都不起源于中国，只是在隋唐时期才随佛经传入中国的，因此这幅星图从研究中外天文学交流的意义上来讲就很有价值了。

此外，洛阳北魏星象图也属示意性星图的范畴，图中银河纵贯南北，淡蓝色的波纹清晰可见，用大小不等的圆圈表示的恒星有 300 余颗，有些星还用画线连接起来，星宿中突出了北斗七星的位置，整个星图具有一种磅礴的气势。

2.科学性星图

科学性星图从风格上与示意性星图完全不同，从画法上又大致分为盖因式、横因式、横盖结合式和半球式 4 种。

盖图就是将全天可见星象画在一张圆形的图上，图中以北天极为中心。图的最外圈为恒隐圈，即南天极附近，是黄河流域一带人们永远看不到的星象。图中还有 2 个半径不等的同心圆，表示恒星圈和赤道，有些图还画有偏心圆用以表示黄道。苏州石刻星图就属于这一种类型。

苏州石刻星图刻在一块高约 2.45 米，宽约 1.17 米的石碑上，上部为直径 85 厘米的圆形天文图，下部刻有说明文字，图中共有 1434 颗恒星。北天极位于图的中央，以它为中心共有 3 个同心圆，最小的圆代表北纬 35° 的恒星圈（在这个圈以内的恒星，终日可见）；中间的圆代表天赤道；最外的圈则代表该地的恒隐圈（在这个圈以外的恒星永不可见），图中黄道与赤道以 24° 的角度斜交，从北天极引出 28 条宽窄不等的经线，在每条经线的端点处都注有二十八宿的宿度。星图的最外面还有两个比较接近的圆圈，圈内交叉刻写着 12 圈、12 辰及 12 个名称，整个星图画法洗练，刻画逼真。此星图刻于南宋（1247 年），是目前现存最古老的石刻星图。该图是由太学博士黄裳依据北宋元丰年间（1078—1085年）的实测结果绘制出来的。这份星图经由一位叫沙畹的法国人的介绍，很快就传到世界各地，引起了世界上许多专家学者的重视，并多有研究它的论文发表。鉴于其重要性，明代的计宗道对苏州石刻星图作了一些补遗和订正工作后，绘制了明代常熟星图。根据图上的简单说明可以知道，当时人们是担心苏州石刻星图因年代久远而失传，所以又仿制了这座石刻天文图，它是苏州石刻星图的翻版。由此可见苏州石刻星图的影响之大。

半球形星通常是将天球沿赤道分为两半，用两个圆图画出全天星象。一为北天，一为南天，两圆的中心分别为北天极和南天极，外圆为赤道。此种形式首见于宋代的《新仪象法要》星图，该星图共2套，分5幅绘制，其中一套两幅圆图，就分别以极投影的方式绘出了南北两半球的星象，由于地处北半球的观测者永远看不到南极附近的一部分星空，因此星图的绘画者本着尊重观测事实的态度，将南极附近的恒隐圈留为空白；另一套为一幅圆图和两幅横图，圆图为紫微垣星团，横图为东北方中外官星图和西北方中外官星图。苏颂的"新仪象法要"星图的珍贵价值就在于它是依据北宋元丰年间的实测数据绘制而成的，它是研究和考定我国星座星名的重要史料，是一幅具有代表性的科学性星图。

知识链接

《新仪象法要》

《新仪象法要》是我国宋代科学家苏颂为其主持创制的"水运仪象台"而编写的仪器构造及使用说明书。全书共3卷，书首列有"进状"一篇，上卷自"浑仪"至"水法"共17图，中卷自"浑象"至"冬至晓中星图"共18图，下卷自"仪象台"至"浑仪圭表"共25图。《新仪象法要》是一部具有世界意义的古代科技著作。这部不足3

万字的著作，记下了中华民族古代的许多光辉成果，其中有世界上最早的机械钟器；它记录的游仪窥管随天体运动，是现代天文台的跟踪机械——转仪钟的雏形；它记录的水运仪象台观测室活动屋板，是现代天文台圆顶的祖先。此外，此书还为我们留下天文仪器和机械传动的全图、分图、零件图50多幅，绘制机械零配件150多种，这是我国也是世界保存至今的最早、最完整的机械图纸。正是由于这些图纸保存至今，现代学者才得以进行研究，王振铎、李约瑟才分别复原出水运仪象台。《新仪象法要》中的"苏颂星图"也是一项重要的天文学成就，它是存于国内的最早的全天星图。

横盖结合式星图是人们在总结经验的基础上提出的，因为要将球形天穹上的恒星绘画在平面的纸上，势必会出现误差，尤其是在天赤道附近的恒星失真更大，隋唐时期就出现了一种将天极附近的星空画成圆图，赤道附近的天区展开为长方形的平面图，唐代的敦煌星图就采用这种圆、横结合的画法。

敦煌星图从12月开始，按照每月太阳所在的位置把赤道带附近的天区分成12份，每一份投影到一张长方形的平面图上。每月星图下方的文字说明了太阳在二十八宿的宿次，黄昏和傍晚出现在正南方的星宿；每月星图之间的文字说明了12次起点和终点的度数。北极附近的紫微垣以北天极为中心投影到一张圆形的平面图上。简单地说，就是把北天极附近的星画在圆图上，把赤道上空的星画在横图上。这种画法是现代星图的鼻祖。敦煌星图上恒星的位置并不是按照测量数据点定，而是用眼睛估计星与星之间的相对距离而描绘的，但却极为精细。另外，绘制者还用不同的颜色区分了甘、石、巫三家星官。根据推测，这幅星图观测地点的地理纬度在北纬35度左右，即现在的西安洛阳一带。1959年，英国的科技史专家李约瑟曾推测这幅星图可能是抄绘于五代后晋时期约940年。此后西方学术界一直采用了李氏的断代。

 知识链接

敦煌星图

　　敦煌经卷中发现的一幅古星图，为世界现存古星图中星数较多而又较古老的一幅，约绘制于唐中宗时期（705—710年），为一纸卷，长3.94米，宽0.244米。后被斯坦因带到英国，现藏于伦敦大英博物馆。但起初并未引起注意，20世纪50年代初为李约瑟和陈世骧首先发现并在《中国的科学与文明》（又译《中国科学技术史》）天文卷中加以介绍。此图册有手绘十二时角星图各一幅，北极区星图一幅，展示了从中国可见的整个北天星空，另有云气图25幅，附占文，星图后还画有一电神。

　　李约瑟对星图的制作年代虽然不能非常肯定，但对这张星图的价值却极为肯定。在他所著的《中国古代科技》一书中提到："我们几乎可以肯定，这是一切文明古国中流传下来的星图中最古老的一种。"在比较该图与欧洲各国星图后，他又指出："欧洲在文艺复兴以前可以和中国天图制图传统相提并论的东西，可以说很少，甚至简直就没有。"

　　我国的学者对这张星图的研究始于20世纪60年代。古天文史专家席泽宗曾在1966年撰文指出，星图画法类似于墨卡托投影法，但要比墨卡托发明此法早600多年。在这篇国内首篇讨论星图的论文中席氏采用的是李约瑟的断代。1983年，北京大学考古系的马世长教授通过对卷末电神服饰风格和卷子上文字的书写风格的研究，以及文字中多次出现避讳现象，如"民"字避讳缺末笔，认为星图抄绘于唐中宗时期，即701—710年。这一结论得到国内学界的基本认同，从而否定了李氏的断代。

　　四川省成都市的收藏家藏有两幅清嘉庆年间双色套印《黄道中西合图》，是两幅古星象图，分南北两极，罗列有中国传统的二十八宿，图和文字中有阿拉伯数字、罗马字母与中文对照。落款为"嘉庆丁卯徐朝俊识",即1807年,距今有近200年历史。

这两幅星图的制作是对恒星位置全方位观测后的形象记录,再加入一些西方观察记录,把北半球(中国中原地区)全天可见的星象画在一张圆形的图上,又把南半球(国外)全天可见的星象画在另一张圆形的图上,有28条辐射线表示二十八宿位置,还刻绘有赤道、黄道、银河等。两图所记录的星共有1000多颗,图中标明"星等"共1~7等星,另外每张图的上方还各有170余字的文字说明。

这两幅星图借鉴了中外天文学的知识,加入西方的一些观察记录,故恒星的位置都绘得比较准确,比苏州石刻星图(宋代淳祐七年刻绘,即1247年)更为先进,具有更高的科学性。

第三节 五大行星运动的准确记录——五星占

在浩瀚的天空上,恒星闪耀。只有五颗星显得有些特别,它们的亮度很高,而且位置在不断地移动,并不像恒星那样定在天幕上,这就是太阳系的几个成员——行星。水星、金星、火星、木星和土星五颗行星的特点,很早就引起了古人的注意。《诗经》中就有"东有启明,

太阳系中行星的运动

西有长庚""明星有灿"等优美的诗句。对五大行星的命名,反映了人们对这些行星的认识。例如,水星距离太阳最近,从地球上看上去,总在太

阳两边摆动，最大也不超过 30 度。我国一般将一周天分为十二辰，每辰 30 度，所以把水星称为"辰星"。金星因为是青白色的，光耀夺目，是全天中最亮的星，故称为"太白"，有时在夕阳下或晨曦中仍然能够看见它，史书中称这种现象为"太白昼见"。火星因为离地球近，显得运动十分迅速，光度变化大，运行的形态错综复杂，足以惑人，又因它色红如火，像火一样飘忽不定，因而被命名为"荧惑"。土星约 28 年移行一周天，大体与二十八宿数目相同，就像每年轮流坐镇或填充二十八宿一样，故被称为"镇星"或"填星"。木星自西向东在恒星间移行，12 年一周天，一年行一次，用以纪岁，故称为"岁星"。

行星的自运动是一种很复杂的运动，我们生活的地球不处在太阳系的中心，而是和其他行星一样沿着椭圆轨道以不同的速度绕太阳公转。太阳系内的行星绕着太阳公转的方向是自西向东。由于各行星公转的速度及在其轨道上的位置不同，在地球上观测行星时，行星移动的方向与地球公转方向相同（即自西向东移动），这时叫"顺行"，相反方向时叫"逆行"，当顺行转成逆行时，或逆行转成顺行时，这时行星看来好像停留不动叫"留"。一般顺行时间比逆行时间长，整个轨道呈现出螺旋式前进。

我国早期对行星观测留下的记录不多，我们对西汉以前行星观测的情况知之甚少。幸运的是，1973 年在湖南长沙马王堆三号汉墓中出土了一批很有价值的帛书，帛书上关于五大行星的运动就有长达 6000 字的记述，填补了这一空白，使得对行星的研究工作有了突破性的进展，后经研究，将这本书命名为《五星占》，据考证，它成书的年代不迟于公元前 170 年。《五星占》中详细地记载了金、木、水、火、土等行星运动的情况，特别是列举了从秦王政（始皇）六年（公元前 241 年）到汉文帝三年（公元前 177 年）近 70 年间土星、木星和金星的位置，还有五大行星的会合周期。

什么叫行星的会合周期呢？要回答这个问题首先要弄清楚"上

合""下合""冲"这三个概念。

行星与地球分别在其公转轨道上运行，当行星、地球及太阳成一直线时叫"合"或"冲"。就内行星（即在地球轨道内的行星，水星和金星就是内行星）而言，太阳在行星与地球之间时叫"上合"，行星在太阳与地球中间时叫"下合"。就外行星（即在地球轨道外的行星，火星、木星、土星、天王星、海王星和冥王星就是外行星）而言，太阳在行星与地球之间时叫"合"，而地球在行星与太阳中间时叫"冲"，此时行星与地球的距离最近，是观测的最好时机。

对于运行在地球轨道以内的行星，若行星处在日、地之间叫作"下合"；行星和太阳处于同一个方向叫作"上合"，对于运行在地球轨道以外的行星如火星、木星、土星等。当行星、太阳和地球处于同一条直线上，且行星与太阳同一方向时叫作"合"，当地球正好位于太阳与外行星之间时叫作"冲"。行星的会合周期对内行星而言，是从上合到上合或从下合到下合所需的时间；对外行星而言是从合到合或从冲到冲的时间间隔。

所谓恒星周期，就是行星在自己运行轨道上绕太阳转一圈所需要的时间。

《五星占》中有木星、土星、金星会合周期和恒星周期的记载。

关于金星的记载："正月与营室晨出东方，二百二十四日晨出东方；浚行百二十日；又出西方二百二十四日，入西方；伏十六日九十六分；晨出东方。"这一段文字是说，观察者准确地分辨出金星上合与下合的亮度变化。观察的细致是令人惊奇的。如果把上述金星运行的 4 个阶段的日数加起来，就得出了它的会合期为 584.4 日。这个数据比现在所测得的精确数据只大了 0.48 日。

《五星占》不仅记录了精确的金星会合期，而且注意到金星的 5 个会合期恰巧等于 8 年。也就是所谓的"五出，为日八岁，而复与营室晨出东方"。法国弗拉马利翁在天文名著《大众天文学》第二册中说："8 年周期已经算是相当准确的了。事实上金星的 5 个会合周期是 8 年（每年 365.25 日）减去 2 天 10 小时。"而我国在 2000 多年前就用这个周期列出了 70 年的金星动态表。

《五星占》记录了土星"日行八分，卅日而行一度……卅岁一周于天"。也就是说，它的会合周期为 377 日，比今测值 378.09 小 1.09 日；恒星周期为 30 年，比现在测得的精确数字 29.46 年只大 0.54 年。而晚于它的《淮南子》和《史记》所记载的数字，都不及它接近于真实。以会合周期为例，《淮南子》没有提到，《史记》则认为是 360 天。关于恒星周期，它们都认为是 28 年。

帛书对于土星，也列了 70 年的位置表。但是，如果我们按表验算下，就会发现有很大的误差。因此，同金星的位置表比较，土星位置表的价值就要小一些了。

关于木星的认识，帛书中的记载也比《史记》和《淮南子》要准确。恒星周期，三书中都说是 12 年；会合周期，石氏和《淮南子》没有提到，甘氏认为是 400 天，《史记》大抵说是 395 天，而帛书中则明确地说是"出三百六十五日而夕入西方，伏三十日而晨出东方，凡三百九十五日百五分"。虽然《淮南子》《史记》和《汉书》中都有类似的记录，但都只是抽象地列出一个周期来，并不与史记年月发生联系，而帛书中所列出的周期表，从秦始皇元年起到汉文帝三年止，一共 70 年，将近 6 个恒星周期，提供给我们的实际材料，是当时的天文学家进行观察的记录。

另外，对于金星在一个会合周期中的运动形态，在《五星占》中也有描述，如"晨出东方—顺行—伏—夕出西方—顺行—伏—晨出东方"。此时已有顺、逆、留的概念了。对此北宋科学家沈括曾在《梦溪笔谈》中生动地描述："予尝考古今历法，五星行度……其迹如循柳叶，两末锐，中间往还之道，相去甚远。"意思是说行星在一个会合周期中运行的路线，呈现为柳叶的形状，两头尖，中间宽阔，真是既形象又逼真。

第四节 星座的记忆——朗朗上口的《步天歌》

对于现在的普通天文爱好者来说，要认识星空需要记住西方 88 个大星座和 3000 多颗恒星的名称、位置；而对于中国古代对天文感兴趣的人来说，他们要记住的则是 283 个小星官和 1464 颗恒星的位置，这也是一件不太容易的事情。为了帮助人们记忆，出现了一些以诗歌形式描述星空的作品，其中流传最广的就是《丹元子步天歌》，简称《步天歌》。它的作者，有的说是隋代的丹元子，有的说是唐代的王希明。

《步天歌》描绘的也是三国陈卓定下来的 283 个星官、1464 颗恒星，以七字为一句，文字简洁有韵，读起来朗朗上口。它按照紫微垣、太微垣和天市垣以及二十八宿把全天划分成 31 大区，每一区配有一幅星图。这样初学者就可以一边背着诗句，一边对照着星图来认识满天的恒星。例如，《步天歌》中记载"娄宿"："三星不匀近一头，左更右更乌夹娄，天仓六个娄下头，天庾四星仓东脚，娄上十一将军侯。"

对照着娄宿图，你是否觉得认识中国古代的星空也不是一件太难的事情？

一、版本及作者

《步天歌》为一部以诗歌形式介绍中国古代全天星官的著作，现有多个版本传世；最早版本始于唐代，最广为人知的是郑樵《通志·天文略》版本，此版本称为《丹元子步天歌》。

关于作者自宋代起有两种说法，北宋欧阳修等认为著作由唐代开元年间曾任右拾遗内供奉一职的王希明所撰，但郑樵《通志·天文略》中提到此歌为隋朝一位不知姓名的，号曰丹元子的隐者所著。而原歌附有星图与文字匹配并对照，但郑樵引述时却把图删去。而有学者指《通志·天文略》中引述的并非步天歌最早版本，因民间有传更贴近早期之版本，而最早版本至今还未见，故原始作者严格来说还不可考。

二、特色

以《丹元子步天歌》为例，步天歌以三垣二十八宿为主体，共31区（从角宿至轸宿，然后为太微、紫微与天市垣），介绍每区包含的星官（共283个）、描述恒星数目（共1645颗）与其位置。歌词以七言押韵诗歌形式编撰，全篇373句共2611字，简洁通俗，朗朗上口，容易记诵，《通志·天文略》中称誉为"句中有图，言下见象，或丰或约，无余无失"（意即每句之中生动描述，仿佛读后已有星点之形象，每句吟诵后仰天观赏星象，星宿的星数有多有少，但歌中与实际看到的星数能——对应，没有多也没有少），成为初学观天认星的必诵口诀。

而《步天歌》中对当时流传甚广的"三家星"（即石氏、甘氏、巫咸氏星官）体系因顾及诗歌的简明为前提，只选择性以部分标注（石氏以黑点、甘氏以小黑圈、巫咸氏以黄点），也是一大特色。因此自宋朝以后为钦天监或占星家研究引述之范本。

三、流传

《步天歌》在史籍中最早见于南宋郑樵编撰之《通志·天文略》中，即《丹元子步天歌》（暂不计其他民间传本，此本亦为流派影响最大的版本），但由于中国古代星占学向来就是皇朝秘密资料，不公开传阅。《通志·天文略》中附言："此本只传灵台，不传人间，术家秘之"（意即这份步天歌只在钦天监与观象台中口传，不向民间流传，占星术家视之为秘密）。明代中叶后期虽有所开禁，但民间流传甚少。

南宋时期郑樵已指出《步天歌》有数个版本流传，至今流传各版本的句数与字数均不尽相等，文句间亦有异同但分别不大，部分版本附有供对照之星图（皆为后来绘制的），现流传与影响较广的有郑樵的《通志·天文略》版本。

　　而清朝学者梅文鼎于康熙年间把《步天歌》与西方星图对照，删减诸星成《经天该》，加上梅本人据《崇祯历书》所载对南天星空之《南极诸星补歌》合称《西步天歌》（但《经天该》非梅所著），清朝钦天监博士何君藩编有一版本。19世纪中叶韩国李俊养据10世纪传入韩国之版本撰有《新法步天歌》，近代则有道教学者玉溪道人根据《灵台仪象志》自行改编的《步天歌》，除此之外还有各版刊抄本20多种，均在中国各大图书馆与私人收藏家中，或已刊载（如刊于《四库全书》中）。

四、通用版本

《丹元子步天歌》

唐·王希明

三垣

紫微宫

　　中元北极紫微宫，北极五星在其中，大帝之座第二珠，第三之星庶子居，第一号曰为太子，四为后宫五天枢，左右四星是四辅，天乙太乙当门路。左枢右枢夹南门，两面营卫一十五，东藩左枢连上宰，少宰上辅次少辅，上卫少卫次上丞，后门东边大赞府。西藩右枢次少尉，上辅少辅四相视，上卫少卫七少丞，以次却向前门数。阴德门星两黄聚，尚书以次其位五，女史柱史各一户，御女四星五天柱。大理两星阴德边，勾陈尾指北极巅，六甲六星勾陈前，天皇独在勾陈里，五帝内座后门间。华盖并杠十六星，杠作柄象华盖形，盖上连连九个星，名曰传舍如连丁，垣外左右各六珠，右是内阶左天厨，阶前八星名八谷，厨下五个天桴宿。天床六星左枢右，内厨两星右枢对，文昌斗上半月形，稀疏分明六个星。文昌之下曰三公，太尊只向三公明，天牢六星太尊边，太阳之守四势前。一个宰相太阳侧，更有三公向西偏，即是玄戈一星圆，天理四星斗里暗，辅星近著开阳淡。北斗之宿七星明，第一主帝名枢精，第二第三璇玑是，第四名权第五衡，开阳摇光六七名，摇光左三天枪明。

太微宫

上元天庭太微宫，昭昭列象布苍穹，端门只是门之中，左右执法门西东。门左皂衣一谒者，以次即是乌三公，三黑九卿公背旁，五黑诸侯卿后行。四个门西主轩屏，五帝内座于中正，幸臣太子并从官，乌列帝后从东定。郎将虎贲居左右，常陈郎位居其后，常陈七星不相误，郎位陈东一十五。两面宫垣十星布，左右执法是其数，宫外明堂布政宫，三个灵台候云雨。少微四星西北隅，长垣双双微西居，北门西外接三台，与垣相对无兵灾。

天市宫

下元一宫名天市，两扇垣墙二十二，当门六角黑市楼，门左两星是车肆，两个宗正四宗人，宗星一双亦依次，帛度两星屠肆前，候星还在帝座边。帝座一星常光明，四个微茫宦者星，以次两星名列肆，斗斛帝前依其次，斗是五星斛是四，垣北九个贯索星，索口横者七公成，天纪恰似七公形，数着分明多两星。纪北三星名女床，此坐还依织女傍，三元之像无相侵，二十八宿随其阴，水火木土与并金，以次别有五行吟。河中河间晋郑周，秦连巴蜀细搜求，十一星属十一国，梁楚韩邦在尽头，魏赵九河与中山，齐越吴徐东海间，燕连南海尽属宋，请君熟记有何难。

二十八宿

东方苍龙

角　宿

南北两星正直悬，中有平道上天田，总是黑星两相连，别有一乌名进贤。平道右畔独渊然，最上三星周鼎形，角下天门左平星，双双横于库楼上。库楼十星屈曲明，楼中柱有十五星，三三相著如鼎形，其中四星别名衡，南门楼外两星横。

亢　宿

四星恰似弯弓状，大角一星直上明，折威七子亢下横，大角左右摄提星，三三相对如鼎形。折威下左顿顽星，两个斜安黄色精，顽西二星号阳门，色若顿顽直下存。

氐　宿

四星似斗侧量米，天乳氐上黑一星，世上不识称无名，一个招摇梗河上，梗河横立三星状，帝席三黑河之西。亢池六星近摄提，氐下众星骑官出，骑官之众二十七，三三相连十欠一。阵车氐下骑官次，骑官下三车骑位，天辐两星立阵傍，将军阵里振威霜。

房　宿

四星直下主明堂，键闭一黄斜向上，钩铃两个近其傍，罚有三星植铃上，两咸夹罚似房状，房下一星号为日，从官两个日下出。

心　宿

三星中央色最深，下有积卒共十二，三三相聚心下是。

尾　宿

九星如钩苍龙尾，下头五点号龟星，尾上天江四横是，尾东一个名傅说。傅说东畔一鱼子，尾西一室是神宫，所以列在后妃中。

箕　宿

四星其形似簸箕，箕下三星名木杵，箕前一黑是糠皮。

北方玄武

斗　宿

六星其状似北斗，魁上建星三相对，天弁建上三三九，斗下团圆十四星，虽然名鳖贯索形，天鸡建背双黑星。天籥柄前八黄精，狗国四方鸡下生，天渊十星鳖东边，更有两狗斗魁前，农家丈人斗下眠，天渊十黄狗色玄。

牛　宿

六星近在河岸头，头上虽然有两角，腹下从来欠一脚。牛下九黑是天田，田下三三九坎连，牛上直建三河鼓，鼓上三星号织女。左旗右旗各九星，河鼓两畔右边明，更有四黄名天桴，河鼓之下如连珠。罗堰三乌牛东居，渐台四星似口形，辇道东足连五丁，辇道渐台在何许？欲得见时近织女。

女　宿

四星如箕主嫁娶，十二诸侯在下陈，先从越国向东论，东西两周次二秦。雍州南下双雁门，代国向西一晋伸，韩魏各一晋北轮，楚之一国魏西屯，楚城南畔独燕军，燕西一郡是齐邻，齐北两邑平原君，欲知郑在越下存。十六黄星细区分，五个离珠女上星，败瓜之上瓠瓜生，两个各五瓠瓜明。天津九个弹弓形，两星入牛河中横，四个奚仲天津上，七个仲侧扶筐星。

虚　宿

上下各一如连珠，命禄危非虚上星，虚危之下哭泣星，哭泣双双下垒城，天垒团圆十三星，败臼四星城下横，臼西三个离瑜明。

危　宿

三星不直曲为之，危上五黑号人星，人畔三四杵臼形，人上七乌号车府，府上天钩九黄晶。钩下五鸦字造父，危下四星号坟墓，墓下四星斜虚梁，十个天钱梁下黄，墓傍两星能盖屋，身着皂衣危下宿。

室　宿

两星上有离宫出，绕室三双有六星，下头六个雷电形，垒壁阵次十二星，十二两头大似井，阵下分布羽林军，四十五卒三为群。军西众星多难论，仔细历历看区分，三粒黄金名鈇钺，一颗珍珠北落门。门东八魁九个子，门西一宿天纲是，电傍两黑土公吏，腾蛇室上二十二。

壁　宿

两星下头是霹雳，霹雳五星横着行，云雨之次日四方，壁上天厩十圆黄，五鈇锁星羽林傍，土公两黑壁上藏。

西方白虎

奎　宿

腰细头尖似破鞋，一十六星绕鞋生，外屏七乌奎下横，屏下七星天溷明。司空右畔土之精，奎上一宿军南门，河中六个阁道行，附路一星道傍明。五个吐花王良星，良星近上一策名，天策天溷与外屏，一十五星皆不明。

娄 宿

三星不匀近一头，左更右更乌夹娄，天仓六个娄下头，天庾四星仓东脚，娄上十一将军侯。

胃 宿

三星鼎足河之次，天廪胃下斜四星，天囷十三如乙形，河中八星名大陵，陵北九个天船名，陵中积尸一个星，积水船中一黑精。

昴 宿

七星一聚实不少，阿西月东各一星，阿下五黄天阴名，阴下六乌刍蒿营。营南十六天苑形，河里六星名卷舌，舌中黑点天谗星，砺石舌旁斜四丁。

毕 宿

恰似丫叉八星出，附耳毕股一星光，天街两星毕背旁，天节耳下八乌幢。毕上横列六诸王，王下四皂天高星，节下团圆九州城，毕口斜对五车口，车有三柱任纵横，车中五个天潢精，潢畔咸池三黑星。天关一星车脚边，参旗九个参车间，旗下直建九斿连，斿下十三乌天园，九斿天园参脚边。

觜 宿

三星相近作参蕊，觜上座旗直指天，尊卑之位九相连，司怪曲立座旗边，四鸦大近井钺前。

参 宿

总有七星觜相侵，两肩双足三为心，伐有三星足黑深，玉井四星右足阴。屏星两扇井南襟，军井四星屏上吟，左足下四天厕临，厕下一物天屎沉。

南方朱雀

井 宿

八星横列河中净，一星名钺井边安，两河各三南北正，天樽三星井上头。樽上横列五诸侯，侯上北河西积水，欲觅积薪东畔是，钺下四星名水府，水位东边四星序。四渎横列南河里，南河下头是军市，军市团圆十三星，中有一个野鸡精。孙子丈人市下列，各立两星从东说，阙丘两个南河东，邱下一狼光蓬茸。左畔九个弯弧弓，一矢拟射顽狼胸，有个老人南极中，春秋出入寿无穷。

鬼　宿

四星册方似木柜，中央白者积尸气，鬼上四星是爟位，天狗七星鬼下是，外厨六间柳星次，天社六个弧东倚，社东一星名天纪。

柳　宿

八星曲头垂似柳，近上三星号为酒，宴享大酺五星守。

星　宿

七星如钩柳下生，星上十七轩辕形，轩辕东头四内平，平下三个名天相，相下稷星横五灵。

张　宿

六星似轸在星傍，张下只是有天庙，十四之星册四方，长垣少微虽向上，数星欹在太微傍，太尊一星直上黄。

翼　宿

二十二星太难识，上五下五横着行，中心六个恰似张，更有六星在何许？三三相连张畔附，必若不能分处所，更请向前看记取，五个黑星翼下头，欲知名字是东瓯。

轸　宿

四星似张翼相近，中央一个长沙子，左辖右辖附两星，军门两黄近翼是。门下四个土司空，门东七乌青邱子，青邱之下名器府，器府之星三十二。以上便为太微宫，黄道向上看取是。

知识链接

二十八宿与西方星座的对应关系

东方苍龙	北方玄武	西方白虎	南方朱雀
角——室女	斗——人马	奎——仙女、双鱼	井——双子
亢——室女	牛——摩羯	娄——白羊	鬼——巨蟹
氐——天秤	女——宝瓶	胃——白羊	柳——长蛇
房——天蝎	虚——宝瓶	昴——金牛	星——长蛇
心——天蝎	危——飞马、宝瓶	毕——金牛	张——长蛇
尾——天蝎	室——飞马	觜——猎户	翼——巨爵
箕——人马	壁——仙女、飞马	参——猎户	轸——乌鸦

第 三 章

瑰丽奇特——中国古代的天象纪事

变幻莫测的星空常常使人捉摸不定，时而有流星一闪而过，或一群流星雨宛如天女散花；时而又有拖着长长尾巴的彗星蹒跚而来；太阳上会骤然掀起风暴，出现大的黑子和黑子群；这会儿还是天晴气爽，万里无云，转眼间太阳被遮住，仿佛黑夜就要来临一样……对于这些特殊天象，我们的祖先历来十分重视观测。在我国古代一直存在着"天人感应"的思想，特殊天象的出现被看作上天意旨的体现，是对地面上君主统治的好坏、灾祸和战争等凶吉的预兆，是"上天"的示警。那么观测这些天象，然后进行星占，破译"上天"的密码，对于统治者来说就是第一号的事情了，在中国历史上不乏有人通过星象占卜来达到谋权篡位的事例。基于这个重要的政治原因，我国史籍中留下了日食、月食、太阳黑子、极光、新星、超新星、彗星、流星和陨石等极为详尽、系统、连续、丰富的观测记录，这些史料不因时间的久远而减小魅力，而是随着时间的推移越发显现出它的珍贵价值。相比之下，西方的天象记录就显得零散和不完整。我国对特殊天象观测的丰富翔实的史料,为我们今天分析天体的变化,研究若干理论问题,都提供了无可替代的历史资料。国际天文界亦越来越充分地认识到我国史料的价值,可以说它是我国古代天文学宝库中一颗璀璨的明珠,正日益焕发出灿烂的光彩。下面我们分几个方面介绍这些成果以及它们对当前天文学进展所起的作用。

第一节　太阳黑子

传说远古的时候,有 10 个太阳生活栖息在东方汤谷一棵巨大无比的扶桑树上。他们由金乌背负着,轮流到人间巡行。当一个太阳回来时,就有另外一个太阳出去,从来没有错乱过。但到了尧当政时,不知什么缘故,这 10 个太阳不愿再独自出巡,天空中一下子出现了 10 个太阳。炽热的日光烧烤着大地,江河干涸,草木枯焦,百姓们又饥又渴,奄奄待毙。在这危难时刻,尧命令神箭手后羿把天上的太阳射下来。后羿奉命一口气射下 9 个太阳,这样天空中只剩下一个太阳了。当那 9 个太阳被射中时,只见一团团火球无声地爆裂开来,满天流火,数不清的羽毛纷纷扬扬地从空中落下。3 只脚的乌鸦也一只只坠落下来……河南南阳博物馆至今仍保存着一块汉代画像石,上面刻的图画就是这个故事。

这个神话告诉我们:太阳中有一只乌鸦——黑色的鸟。日中鸟神话在中国流传很广,在出土的汉代的帛画、画像石、壁画等中有不少精美之作反映着这个神话。河南南阳博物馆有一块汉代石刻画上,在代表太阳的圆圈中画了一只 3 只腿的鸟。1972 年在长沙马王堆 2 号墓中,出土了一幅珍贵的彩绘帛画,在帛画的右上端,画着一轮金色的太阳,中间站着一只乌鸦。这些所谓太阳之中有乌鸦的神话传说,实际上是古代人肉眼所见的太阳现象，就是太阳黑子。

太阳黑子是太阳光球上出现的斑点，因而又叫"日斑"，它是太阳表面上的一种"风暴"，由于"风暴"的温度略低于其附近的日面温度，所以它的光芒也就显得幽暗些。黑子的出现是正常现象，用望远镜几乎每天都可以观测到。

可是远古时代并没有望远镜，古人怎么能看到太阳黑子呢？这大概由于中国古代建都西北，而西北地区多黄土，遇到刮风，黄沙漫天，日光暗淡，容易看到黑子。所以史志用"日赤无光"或"日无光"等来说明看到黑子时的天空情况。在日出、日落时往往能看到黄颜色的太阳或红颜色的太阳。这时的太阳不刺眼睛，也容易看到黑子。所以史志有"日出黄""日出入时"等来说明看到黑子的时间。古人对太阳的祭祀，恰巧在日出日落时举行，这正是发现太阳黑子的最好时机。因此，早在远古的新石器时代，太阳黑子就已受到古人的注意和重视，并以原始图画的艺术形象表现出它的形态。1972 年在河南郑州大河村出土的仰韶文化彩陶图片上，绘有极其醒目的太阳图案：圆圆的太阳光芒四射，普照大地。然而，在大多数日轮圆面中心，画着一个大黑点。

📚 知识链接

太阳黑子

太阳黑子是在太阳的光球层上发生的一种太阳活动，是太阳活动中最基本、最明显的。一般认为，太阳黑子实际上是太阳表面一种炽热气体的巨大漩涡，温度大约为 4500 摄氏度。因为其温度比太阳的光球层表面温度要低 1000~2000 摄氏度（光球层表面温度约为 6000 摄氏度），所以看上去像一些深暗色的斑点。太阳黑子很少单独活动，通常是成群出现。黑子的活动周期为 11.2 年，活跃时会对地球的磁场产生影响，主要是使地球南北极和赤道的大气环流作经向流动，从而造成恶劣天气，使气候转冷，严重时会对各类电子产品和电器造成损害。

1977 年在河姆渡文化遗址第二次发掘中，又发现一块有 6 个钻孔的象牙片，中心刻的是一轮从大海中刚刚升起的朝阳，光芒四射，如一个火球喷薄而出，两侧有 2 只昂首的大鸟相向而立，太阳中心左下方也刻着一个黑点。这个黑点和 2 只鸟眼都未凿穿，与 6 个钻孔截然不同，这表示它们是与画中情景直接有关的。从上面两例新石器时代的太阳图像，说明太阳中的黑点绝不是随意涂刻的，而是对他们所观察到的太阳形象的直接描绘。可以肯定地说，早在距今 6000 年前的新石器时代，中华民族的祖先就已经发现了太阳黑子。

世界上公认的太阳黑子最早的记录出现于《汉书·五行志》，"汉成帝河平元年三月乙未，日出黄，有黑气大如钱，居日中"，是指公元前 28 年，太阳出来是黄色的，在日面中央有如钱币大小的黑子。短短几句话，就把黑子出现的时间以及黑子的形状、大小和位置都生动地记录下来。可见，中国古代对天文现象的观察多么重视，记载得多么准确完整。其实，中国早在战国时代和汉代就有不少有关太阳黑子的记载，如《开元占经》卷六中有"日中有立人之象"，《汉书·五行志》中有"……日黑居仄，大如弹丸"等形象的描述。

中国古代对太阳黑子形状的描述，大致分成 3 类。

第一类：黑子为圆形，可能是刚出现的黑子，最为稳定，变化较小，出现的时间也比较长。古人常用如环、如桃、如李、如粟、如钱等来形容黑子。

第二类：黑子为椭圆形，可能是双极黑子。常常成双出现，前后两群并列，而且非常靠近。前面的叫前导黑子，比较暗，常为圆形；后面的叫后随黑子，大而淡，不一定是圆形。在它们之间还有无数小黑子填充其中。古人常用如鸡卵、如鸭卵、如鹅卵、如瓜枣等来形容。

第三类：黑子为不规则形，是大的黑子群。古人常用如飞鹊、如飞燕、如人、如飞鸟等来形容。

黑子的存在寿命是长短不一的，有的黑子寿命不到 1 天，有的却可以存在 1 个月，极个别的黑子寿命可能长达半年之久。中国古代对太阳黑子的这种现象也观察得入细入微。《汉书·五行志》对 188 年出现的黑子的记载，"日色赤黄，中有黑气如飞鹊，数月乃销"；《宋史·天文志》记载，"二月己卯，日中有黑子，如李大，三日乃伏"。

中国古代也注意到了黑子的分裂现象。如唐代李淳风在《乙巳占》卷一中说："日中有黑子、黑云，若青若赤，乍二乍三。"《明史·天文志》里的一条记载说得更清楚，"熹宗天启四年（1624 年）正月癸未，日赤无光，有黑子二、三荡于旁，渐至百许，凡四日"，这里描述由一个黑子分裂成两三个黑子，并逐渐变成上百个黑子的分裂现象。

中国古代不仅对太阳黑子的形状进行了形象的描述，而且对太阳黑子的形态及其运动、变化进行了分类。如在《开元占经》卷六所引《太公阴秘》一书中，就把太阳黑子分为 6 类："乌见者，双乌见者，入斗者，乌动者，黑气若一若二至四、五者，有黑气。"所谓"乌见者"相当于某一黑子活动周期开始时，日面上存在单个半影黑子时的情形；"双乌见者"是指日面上存在着有半影的双极黑子；"入斗者"则指双极黑子形态发生变化，若即若离，好像双乌相斗一样；"乌动者"是对这种变化越来越强烈，黑子结构十分复杂时的逼真描述；"黑气若一若二至四、五者"则指黑子的分裂现象；"有黑气"则指黑子将要消失时的景象。这里所叙述的太阳黑子的 6 种不同形态，实际上就是太阳黑子从开始出现到消失所经历的一系列发展阶段中的 6 个特定阶段。这与西方近代提出的太阳黑子群苏黎士分类基本相似。

中国古代典籍中所记载的黑子出现次数，在世界上是首屈一指的。从汉河平元年到明末，共有 100 余次，不但记录了黑子出现的时间，而且记录了黑子的形状、大小、位置及其变化情况。而欧洲关于黑子记录的最早时间是 807 年 8 月，但被误认为是水星凌日现象。直到 1610 年天文学家伽利略发明了望远镜后，才确认太阳黑子的存在。

第二节　极光

迷人的极光是一种美丽的自然现象，由于出现在两极而得名。我国因地处北半球高纬度地区，黑龙江一带有机会看到北极光，但亮度比北极地区要弱一些。

在晴朗的夜晚，我国黑龙江北部有时在天空出现一条光弧或光游，像蛇龙游动，彩练飞舞；有时也像云状的光块或光幕，把整个天空都照红；有时又像礼花飞溅，光怪陆离，千变万化。因极光瑰丽动人，所以古人很早就注意观察了，诗人屈原在《天问》中就提出："日安不到，烛龙何照？"其意是北方的天空既然不能受太阳光的照射，大气为什么会发出彩色光芒呢？

一般认为：太阳发射出来的无数带电粒子受到地球磁场的作用，运动方向发生改变，它们沿着地球磁力线降落到南、北磁极附近的高空层，并高速钻入大气层电离并发光，形成极光。因各种原子发出不同的色光，所以极光的颜色五彩缤纷。

知识链接

极　光

极光出现于星球的高磁纬地区上空，是一种绚丽多彩的发光现象。而地球的极光，由来自地球磁层或太阳的高能带电粒子流（太阳风）使高层大气分子或原子激发（或电离）而产生。极光产生的条件有3个：大气、磁场、太阳风。这三者缺一不可。极光不只在地球上出现，太阳系内的其他一些具有磁场的行星上也有极光。

古书很早就有关于极光的记载，传说黄帝时代就出现过"大电光绕北斗枢星"。这大概是我国最早的极光记录。《汉书》上记载有世界上较早且最精确的极光记录："孝成帝建始元年九月戊子，有流星出文昌，色白，光烛地，长可四丈，大一围，动摇如龙蛇形，有顷，长可五六丈，大四围，所诎折委曲，贯紫宫西，在斗西北子亥间，后诎如环，北方不合，留一合所。"这段文字的大意是：公元前 32 年 10 月 27 日，文昌星座附近出现白色的极光，形状像一条摇动的龙，有 4 丈多长，一围粗，一会又变成五六丈长，四围粗，极光变化不定，贯穿紫宫星座西面，直到北斗西北方向，最后变成弯曲的环状，只留下北方缺口。"留一合所"表示极光有一刻钟左右。70 多个字就描绘了极光出现的时间、地点、色彩、明亮度、运动状态、范围、大小、方位与停留时间等，如此精辟的记录，完全符合现代世界上极光观察站的要求。"

我国古代关于极光的记载是极为丰富的，而且比较明确。虽然没有极光这个名称，但根据极光现象的形状、大小、动静、变化、颜色等分别加以称谓。这种分类最早在《史记·天官书》中出现过。清顺治九年（1652年），黄鼎的《管窥辑要》卷十六"祥异"部分就绘有极光的草图，其中有些绘制得很好，与现代极光摄影几乎完全一样；但也有些图是牵强附会的，需要仔细分辨。

极光跟天体物理学和地球物理学有密切的关系，是研究日地关系的一项重要课题。古书记录下来的极光史料是无价之宝。它可以帮助人们了解过去太阳活动、地磁、电离层等变动的规律，还可以探讨古地磁极位置的变迁过程。

第三节　彗星纪事与哈雷彗星

明朗的夜晚，繁星点点，景色宜人。忽然间闯进来一颗云雾状的天体，有时还拖着一条明亮的尾巴。它不像流星那样一驰而过，转瞬即逝，而是在群星间缓慢移动，好像一把扫帚倒悬在星空中。人们根据它的形状起名为彗星，中国民间称为扫帚星。

由于彗星是罕见的天体，再加上它那扫帚似的古怪的相貌，长期以来，给人留下了不好的印象。在科学不发达的古代，这位天空中的怪客往往引起人们的惊慌和恐惧，误认为是灾难来临的先兆。世界上最早、最可靠的彗星记录见于《春秋》"鲁文公十四年秋七月，有星孛于北斗"。

据初步统计，从殷商时期起至清末，中国的彗星记录多达4000次。在长期观测的基础上，绘制了彗星形态图。1973年在长沙马王堆3号汉墓出土的彗星图29幅，每幅图都有各自的名称，较真实地反映了中国古代对彗尾的不同形状和特征的认识。这是迄今为止所发现的世界上最早的彗星临摹图。图中彗头画成一个圆圈或圆点，其中有几幅图中，在彗头的圆圈之中又有一个小的圆点或圈圈，可能是中国古代就认为彗星存在着彗核这个事实。彗尾则画成具有不同弯曲程度的弧线或画成如树枝或竹枝的形状，这表明中国古代早已注意到彗尾的不同形态。此外，还有一些图可以看出逆向尾或者指向太阳的非常短而细小的尾巴。这充分说明中国古代人民对彗星的观测十分仔细，积累了比较丰富的经验。这些彗星图是古人长期不断的认真观测的结果。

在中国古代的彗星记录中，对彗星的运动及位置的描述十分详尽，从彗星出现时起往往跟踪到看不见为止。有的一连观测几十天，甚至几个月，直到彗星消失为止。如《旧唐书》中关于唐大历五年（770年）出现的一颗彗星是这样记录的："四月己未夜，彗星出五车，光芒蓬勃长三丈。五月己卯夜，彗星见于北方，色白，癸未夜，彗随天东行，近八谷中星。甲申，西北方白气竟天。六月癸卯，彗去三公二尺。甲寅，白气出西北方竟天，己未，彗星灭。"这是说彗星从四月己未（5月26日）开始出现于五车宿，五月己卯（6月16日）已运行到北部天空，颜色变白，癸未（6月20日）拐往东行，接近八谷宿中间的一颗星，到六月癸卯（7月9日），彗星接近三公宿，一直跟踪到己未（7月25日），彗星看不见为止，前后共观测了60天。

彗星的最大特征便是它有大小不一、形状各异的尾巴——彗尾。有的几乎是笔直的一条直线，有的宛如弯弓，有的酷似一把打开的折扇……每颗彗星彗尾的数目也各不相同，少数彗星始终没有尾巴，大多数是一彗一尾，但也有不少彗星同时有2条或2条以上的彗尾，这些在中国古代的彗星记录中都有详细的描述。如北魏正光元年（520年）出现的彗星尾长只有1尺3寸，而唐天祐二年四月甲辰（905年5月9日）出现的彗星，尾长由三丈到六七丈，最后"光猛怒，其长竟天。"

有些彗星的尾巴形态奇特，如唐开成二年（837年）2月，天上出现了一颗彗星，初见时长7尺余，到三月时长达5丈。尤其少见的是尾巴分成两个：一个指氐宿，一个指房宿。据考证，这就是著名的哈雷彗星。英国发现这颗星比中国晚了670年。

知识链接

哈雷彗星

哈雷彗星（周期彗星表编号：1P/Halley）是每76.1年环绕太阳一周的周期彗星，哈雷彗星是人类首颗有记录的周期彗星，因哈雷（1656—1742年）首先测定轨道并成功预言回归成功而得名。最先和最完备的哈雷彗星记录皆为中国；据朱文鑫考证：自秦始皇七年（公元前240年）至清宣统二年（1910年）共有29次记录，并符合计算结果。哈雷彗星的轨道周期为76~79年，下次过近日点为2061年7月28日。

　　还有的彗星末端呈钩状，如明万历四十七年（1619年）正月在东南方出现的一颗彗星，有长为数百尺的尾巴，"光芒下射末曲而锐"。有的彗星尾巴有变化，如北魏天和三年（568年）7月出现的彗星，开始时不见有尾，只是"白如粉絮，大如斗"。可是到8月，却出现了"长如匹所"的尾巴。还有多尾彗星，如"唐天复元年八月己亥（901年10月5日），西方有白云如履底，中出白气如匹练，长五丈，上冲天，分为三，彗头下垂"，这可能也是世界上最早的多尾彗星记录。

　　彗星的分裂现象是比较少见的，但从中国古代彗星记录来看，这种现象也早为古人所注意。如《新唐书·天文志》中记载："唐昭宗乾宁三年十月有客星三，一大二小，在虚、危间，乍合乍离，相随东行，状如斗。经三日而二小星先没，其大星后没虚、危。"这段记录是说896年在虚宿（宝瓶座）、危宿（小马座）附近观测到一颗彗星已经分裂成1颗大的，2颗小的，相随一起在天宫中向东移动，有时合在一起，有时分开。隔了3天，2颗小的彗星先在视野中消失，接着那颗大的彗星也消失在虚宿与危宿之间了。记载十分清楚，这是世界上最早的彗星分裂记录。

　　到南北朝时期，中国古代人们对彗星的本质有了进一步认识。《晋书·天文志》说："彗体无光，傅日而为光；故夕见则东指，晨见则西指。在日南北皆随日光而指，顿挫其芒，或长或短。"这段精彩的记载是说，彗星本身并不发光，是由于太阳的照射才有光，所以傍晚看到的彗星尾巴指向东方，黎明看到的彗星尾巴则指向西方。出现在太阳南、北两面的彗星尾巴指向，也是由太阳所处的位置来决定的。彗星的尾巴是长短不一的。这里不仅说明了彗星明亮的本质，而且把彗尾延伸的方向与太阳之间存在的内在联系说得很清楚。在欧洲，直到1532年才有类似的认识。

　　1682年，天空中出现了一颗明亮的彗星，拖着长长的尾巴。英国天文学家哈雷仔细地观测了它的位置和横跨星空的路线，收集了从 1337—1698 年的 24 颗亮彗星的有关资料。经过长达 20 多年的研究，发现有 3 颗彗星的轨道很相似，亮度也不相上下，周期是 76 年左右，并预言这颗彗星将于 1758 年再一次出现。然而，哈雷本人没能活到亲眼看见这颗彗星的归来。1758 年 12 月 25 日夜，人们终于看到了这颗彗星，为了纪念哈雷，这颗彗星被命名为哈雷彗星。

现在公认的世界上最早的哈雷彗星记载是中国春秋时期鲁文公十四年（公元前 613 年）对哈雷彗星的记载，《史记·秦始皇本纪》中记载的秦始皇七年（公元前 240 年）出现的亮彗星，公认是世界上第一个最确切的哈雷彗星回归记录。从鲁文公十四年开始到清代宣统二年（1910 年）的 2000 多年间，哈雷彗星出现过 31 次，每次出现，中国都有详细的记载。这样长期而连续的观测资料是中国所独有的。而欧洲对哈雷彗星最早记载是 66 年，比中国的最早记载迟了 670 余年。中国历史典籍为世界提供了完整而详尽的哈雷彗星古代记录，一直为中外天文学家所重视。英国天文学家欣德根据这些资料计算了哈雷彗星的轨道根数，从而得出一个重要结论：哈雷彗星的轨道和黄道交角在逐渐变化。法国天文学家巴尔代根据他对中国古代的天象记录的研究，于 1950 年断言：中国古代关于彗星的记录是全世界彗星记录中最好的。

第四节　日食和月食记录

白天，阳光普照大地。忽然，太阳被一个庞大的黑影遮盖了，大地一片漆黑，人兽皆惊。一会儿，太阳又逐渐显露，大地重现光明。这对古人来说是个不解之谜。

知识链接

日　食

　　日食是月球运动到太阳和地球中间，如果三者正好处于一条直线时，月球就会挡住太阳射向地球的光，月球身后的黑影正好落到地球上，这时发生日食现象。在地球上月影里（月影：月亮投射到地球上产生的影子）的人们开始看到光线逐渐变暗，太阳面被圆的黑影遮住，天色转暗，全部遮住时，天空中可以看到最亮的恒星和行星，几分钟后，从月球黑影边缘逐渐露出阳光，开始发光、复圆。由于月球比地球小，只有在月影中的人们才能看到日食。月球把太阳全部挡住时发生日全食，遮住一部分时发生日偏食，遮住太阳中央部分发生日环食。发生日全食的延续时间不超过 7 分 31 秒。日环食的最长时间是 12 分 24 秒。法国的一位天文学家为了延长观测日全食的时间，乘坐超音速飞机追赶月亮的影子，使观测时间延长到了 74 分钟。我国有世界上最古老的日食记录，2 000 多年前已有确切的日食记录。日食一般发生在农历的初一。

　　月食虽没有日食那样令天地变色的惊人现象，但也同样令人惊奇。夜晚，皎洁的月亮忽然被一个庞大的黑影遮住，光亮消失，一会儿又恢复原状，这也使古人不解。

 知识链接

月　食

　　地球在背着太阳的方向会出现一条阴影，称为地影。地影分为本影和半影两部分。本影是指没有受到太阳光直射的地方，而半影则只受到部分太阳直射的光线。月球在环绕地球运行过程中有时会进入地影，这就产生月食现象。当月球整个都进入本影时，就会发生月全食；如果只是一部分进入本影时，则只会发生月偏食。月全食和月偏食都是本影月食。

在月全食时，月球并不是完全看不见的，这是由于太阳光在通过地球的稀薄大气层时受到折射进入本影，投射到月面上，光到月面呈红铜色。根据月球经过本影的路径及当时地球的大气情况，光度在不同的月全食会有所不同。

有时月球并不会进入本影而只进入半影，这就称为半影月食。在半影月食发生期间，月亮将略微转暗，但它的边缘并不会被地球的影子所阻挡。

古时候，因为人们不了解日、月食发生的道理，难免产生许多荒诞乃至超自然的解释。中国古代传说，月食是因为蛤蟆把月亮吃了，日食是由于天狗把太阳吃了。因而，每当日食发生时，人们总是惊恐万状，纷纷鸣锣击鼓，呐喊狂呼，胁迫"天狗"吐出太阳。

传说中国最早的天文官叫羲和。他不但没有预报日食，而且在发生日食时，喝得烂醉，没有去营救，因此被革职杀头。从那时起，中国天文官的眼睛一刻也没有离开过天空。但是，这种辛勤观测，不是把日食作为自然现象来加以科学研究，而是因为"日"是帝王的象征。日食则被认为是上天"谴告"帝王"失德"的重要标志。因此，中国历代帝王都对日食非常重视，从远古时代起就设有专人从事这项工作。记载观测的人叫史官，后来在司天监或司天台内观测，故观测人员叫台官或日官。观测后作出的记录叫"注记"或"候簿"。观测方法也日益改进。公元前1世纪，天文学家京房就已采用水盆照映的方法，以避免强烈日光耀眼。由于水面的反光能力差，后来又改用油盆，这种用油盆照映的方法甚至可以观测到食分仅1/10的偏食。到了元代，郭守敬制造了仰仪，观测日食就更方便了。

商代出土的甲骨卜辞中日食记载有4次，月食有5次。这些记录虽不能确定确切的年月，但可以确信，这是发生在公元前14—前12世纪的日、月食。

在《诗经·小雅》中还有以诗歌形式记载的日食："十月之交，朔日辛卯，日有食之。"这是发生于公元前 8 世纪的一次日食。

我国典籍对日食的记载很多，仅《春秋》一书就有 37 次日食，其中 33 次被认为是可靠的。《春秋》以后，中国古代的史书把日食记录作为一项重要的内容。据统计，从春秋时期至清乾隆年间，中国文书记载的日食近千次，月食记载约 900 次。

日食记录在汉代有了很大进步，它不只是简单地记录日食发生的时间，而是对日食时的太阳位置、日食的起讫时刻和全部见食时间，日食的食分以及日食初亏所起的方位等，都有明确的记录。如发生于汉征和四年八月辛酉日（公元前 89 年 9 月 29 日）的日食，《汉书·五行志》中写道："不尽如钩，在亢二度，哺时食，从西北，日下哺时复。"这说明日食时太阳位于亢宿二度，食分很大，光亮的太阳圆面只剩下一个钩形了。日食从西北方向开始，食分到复圆的时刻是从哺时到下哺时。

在月食记录中主要包括起讫时刻和月亮位置。如刘宋元嘉十三年十二月十六日望（436 年 1 月 9 日）月食，《宋书·天文志》载："月食加时在西，到亥初始食，到一更三唱食既，在鬼四度。"

日食、月食是怎样发生的呢？这个问题不能不引起古人的思考。通过千百年来持续的观测记录，古人发现了日食、月食的成因。成书于西汉中期（公元前 100 年）的《周髀算经》中就曾明确指出："日兆月。月光乃出。"这说明我们的祖先已认识到月亮本身是不发光的，月面上的光亮是太阳光照上后反射出来的，而月面本身不发光是发生月食的先决条件之一。《易·圭卦》中则有"月盈则食"，《诗经·小雅》有"朔月辛卯，日有食之"，这说明至迟到公元前 8 世纪，人们已经认识到月食发生在满月，日食发生在朔日。因为合朔正是日月同度，所以从日食在朔，人们自然会想到日食是月亮遮掩太阳的缘故。西汉刘向的著作《五经通义》中说："日蚀者，月往蔽之。"东汉天文学家张衡有了更进一步的认识。他在《灵宪》中指出："月光生于日光之所照……当日之冲，光常不合者，蔽于地也，是谓阁虚……月过则食。"所谓阁虚，是指地球背向太阳方向投射出的影子。当月球经过地球影子的时候，就有月食发生。宋代科学家沈括在《梦溪笔谈》中则提出"黄道与月道，如二环相叠而小差"的看法，把太阳的视运动轨道和月亮的轨道看作两个交叠的圆环，日食就发生在两环的交点上或其附近。

由于日、月、地三者都在不停地运动，日食时月亮在地面上迅速移动，所经过的地区就是食带。其中月亮本影所经地区能见到全食，其他地区只能见到不同食分的偏食。对于这一点中国古代也早有认识。唐代天文学家一行在大规模的天文观测中发现同一次日食在不同的地点所见到的情况（如时刻、食分等）都不一样，比如在首都长安（今西安）看见全食，在南方只能见到遮住一半的偏食，如果是"月外反观"，则不见食。《南齐书·天文志》中记述了日、月食发生的亏起方位："日食皆从西，月食皆从东，无上下中央者。"就是说日食总是从西边缘开始，逐渐向东；月食总是从东边缘开始，逐渐向西，没有从正南北或中央开始的。这种建立在长期观测基础上的记述是很真实的。

日月食的发生是有一定的周期性的。因为太阳、地球和月亮三者的运动是有规律的，经过一段时间后，它们三者又大致回到了原先的相对位置，于是一个周期以前相继出现的日月食又再次相继出现，我们称这种周期为交食周期。对交食周期的认识及逐步精密，是中国天文学史上一项重大成就。成书于公元前100年左右的《史记》，就已经有了日、月食周期的初步认识，此后历代在编制历法的过程中都对这个问题进行了研究和改进。西汉末年刘歆总结出一种周期，即135个月有23次日食。过去在国内外的一些著作中，一提及交食周期就推崇巴比伦的沙罗周期和美国19世纪的纽康周期，其实中国古代也独立地得出了这两种周期。特别是纽康周期，在中国唐代纪年（762年）历中就提出了，比纽康要早1100年。因此中国也是世界上较早发现交食周期的国家之一。

人们一旦掌握了日、月食现象中的具体规律，就尝试进行日、月食的预报工作。中国古代在日、月食预报方面已有了较高的水平，日、月食预报历来都是中国历法中的一项重要内容。大约从 3 世纪起，中国就能预报日食初亏和复圆的方向，到了唐代对于日、月食的预报已经比较完全了。

中国古代对日月食的认识和研究，形成了一套独特的方法和理论，留下了丰富的观测记录。这些珍贵的史料，对研究地球自转的不均匀性有着十分重要的价值。

第五节　从客星纪事到超新星爆发

新星和超新星并非指新诞生的星，而是指那些原来便存在，只是很暗弱，多数是人眼所不能直接看到的星。在几天内，亮度突然增强了几千到几百万倍，超新星甚至可达几千万乃至几亿倍，过了一段时间，它们又渐渐暗下去，回到原先的亮度，在星空中"消失"了，像来星空做客一样。因此，古人称它们为"客星"。彗星也有类似的现象。所以，在古代的"客星"记录中，有一部分指的是彗星。分辨一颗客星究竟是彗星还是新星或超新星，主要方法是看它从出现到消失的过程中的位置是否有移动。移动的是彗星，不移动的是新星或超新星。

中国历史上最早的一颗新星，记载于公元前 14 世纪的殷商时代的甲骨文中。"七月已巳夕……有新大星并火"，意思是说黄昏时在心宿二附近爆发了一颗很亮的新星。但是，把天空中出现的"客星"作为天文学家进行观测和记录的一项重要内容却是从汉代开始的。自汉代起，天文学家们就陆续不断地对每颗"客星"出现的时间、位置和亮度作了比较可靠而系统的记录。

西方大都将公元前 134 年依巴谷所发现的新星作为世界第一颗新星。其实中国《汉书·天文志》中早有这颗新星的记载，"元光元年五月，客星见于房"。这既说明了它出现的时间（134年7月），又说明了它在天空中的位置（天蝎座）。而西方的记载简单，既无月份，又无方位。法国天文学家比奥在《新星汇编》中把《汉书·天文志》中所记载的这颗新星列为首位。

自商代到17世纪末，我国历史上系统地记载了90多颗新星、超新星，在世界上是首屈一指的。

中国历史上对于超新星的记录，引起了全世界天文学家的极大关注。这不仅是因为超新星爆发是迄今为止已知的恒星世界中最激烈、最壮观、最引人注目的景象之一，而且因为它们爆发于现今所知的不平常天体。超新星是某些质量大的恒星演化到晚期发生爆发的现象。经过爆发或者将物质全部抛出成为一团星云，结束其生命，或者其核心部分留下一些残骸，成为白矮星、中子星或黑洞，从而进入恒星的晚期演化阶段或终结阶段。这些超新星爆发留下的遗迹都是强烈的射电源、X射线源或宇宙线源，也是星际重元素的主要源泉。因此，超新星的记录是研究天体演化的重要依据。

甲骨文：七月己巳夕……有新大星并火

超新星比新星出现的频率要小得多。中国在90余颗新星记录中只有10颗属于亮度变化特别大的超新星爆发。按时间顺序，依次出现于185年、386年、393年、437年、1006年、1054年、1181年、1203年、1572年和1604年。其中185年和393年出现的两颗超新星，只在中国有记载。

最早的一颗超新星记载也是在汉代，《后汉书·天文志》说："中平二年十月癸亥，客星出南门中，大如半运，五色喜怒，稍小，至后年六月消。"这颗超新星出现的时间为185年12月7日，位置在半人马座α、β两星之间，于186年7月左右消失，时间延续了8个月。在这颗超新星的记录位置上，已被确证有一个射电源。1006年4月豺狼座超新星，中国古书上称它为"周伯星"，位于豺狼座β星附近。宋史记载，1006年超新星爆发时，形状像半轮明月，有芒角，明亮得可以在夜间照见东西。这是有史以来记录到的最亮超新星，观测期为两年。宋淳熙八年1181年8月仙后座超新星，中国称它为"传舍客星"，只有中国和日本有记载。它最亮时和织女星亮度差不多。1572年11月仙后座超新星，位于仙后座星座附近，中国称它为"阁道客星"。丹麦天文学家第谷曾对它进行长期观测，欧洲称之为"第谷新星"。中国明代文书中所记载的1572年超新星比第谷早发现了3天，而且多观测了1个多月。1594年10月蛇夫座超新星，位于蛇夫座 λ 星附近，中国称它为"尾分客星"，欧洲则称它为"开普勒新星"，因为德国天文学家开普勒曾对它做过观测。以上几颗超新星，均找到了与它们相对应的射电源。

在这些超新星的记录中，最令人瞩目的莫过于1054年出现的那颗超新星。《宋会要》中记载："初，至和元年五月，晨出东方，守天关，昼见如太白，芒角四出，色赤白，凡见二十三日。"这一罕见的奇特天象震动了全国，当时的天文学家观测并记录了这个令人惊奇的天象。直到嘉祐元年（1056年4月6日）这颗新星才在人们肉眼中消失。在长达643天的时间里，中国天文工作者从未间断过观测。由于它位于天关星附近，所以古人称它为"天关客星"。这颗超新星爆发持续的时间之长，亮度的变化之大都是超群的。更引人注意的是，在它爆发后的670余年（1731年），有人在它的位置上发现了一个弥漫星云。这个星云的形状看上去像一只螃蟹，所以取名为蟹状星云。又过了180年即1921年，有人发现这个蟹状星云在不断地向外膨胀。根据其膨胀速度，可以反推回去算出，这块星云物质大约在900年前是从一个中心飞散出来的，它的位置和形成时间与《宋会要》中记录的"天关客星"爆发时间很相符。于是人们很自然地联想到，蟹状星云可能就是1054年超新星爆发时，抛射出的外壳逐渐扩散而形成的。这个结论到了20世纪40年代初，得到了全世界天文学家的公认。

以后，随着射电望远镜和其他观测手段的发展，人们发现蟹状星云有许多奇特的现象。从它的中心发射出 γ 射线、X 射线、可见光和无线电波段的各种波长的电磁辐射，这些辐射都有一个周期极短（1／30秒）的稳定脉冲。天文学家对这些现象进行多方面研究之后认为：1054年超新星的爆发，不仅产生了蟹状星云，而且产生了快速自转的中子星。

20世纪30年代射电天文学问世后，世界上不少学者为了寻找银河系中射电源和超新星的对应关系，无不对中国古代的超新星记录进行详细研究。研究表明，中国古代的10次超新星记录中，有7个以上对应于射电源。这充分说明中国古代的新星和超新星记录对现代天文学研究的重要作用。

第六节　流星与陨石纪事

在晴朗的夜晚，仰望繁星密布的星空，常常看到一道白光飞流而过，这就是流星。通常人们也称为"贼星"。有时也可以看到那些闪亮的星星像雨点似的从天空中的某一点倾泻而下，令人眼花缭乱。这种壮观的景象就是流星雨。流星或流星雨都是些天体小块，闯进了地球大气层，与大气摩擦燃烧而发出的光亮。其中大部分都在空中被烧成灰烬，也有些没有烧完落到了地面上，这便是陨石。

引人入胜的流星雨，其特征是不仅数量众多，而且都是从空中同一点向四周辐射的，酷似节日的礼花。为此，流星雨通常以它起始的辐射点所在的星座来命名，如天琴座流星雨、狮子座流星雨、仙女座流星雨等。当流星雨出现的时候，人们可以看到四方流星，大小纵横，不胜其数的绚丽景象。因此古人常用"星陨如雨""星流如织"或"众星交流如织"等词语加以形容。

中国古代关于流星、流星雨的记录丰富多彩，也早于其他国家。世界公认的最早的流星雨纪事是《春秋》中记载的鲁庄公七年（公元前687

年）发生的一次天琴座流星雨："鲁庄公七年夏四月辛卯夜，恒星不见，夜中，星陨如雨。"南北朝时期（461 年）出现的一次令人惊心动魄的天琴座流星雨，《宋书·天文志》做了十分精彩的记述："大明五年……三月，月掩轩辕……有流星数千万，或长或短，或大或小，并西行，至晓而止。"

《新唐书·天文志》中记录了唐玄宗开元二年五月（714 年 7 月 15 日）的一次英仙座流星雨："五月乙卯，晦。有星西北流，或如翁，或如斗，贯北极，小者不可胜数，天星尽摇，至曙乃止。"

中国古代的流星雨记录多达 180 余次，其中天琴座流星雨的记录约 10 次，英仙座流星雨的记录约 12 次，狮子座流星雨的记录约 7 次。有些流星雨的记录很全面，很完整，包括出现和消失的时刻、方位、持续的时间、流星的数目、颜色、亮度和声响等。例如，《宋书》记载："有流星大如桃，出天津，入紫宫，须臾有细流星，或五或三相续。又有一大流星从紫宫出，入北斗魁。须臾又一大流星出贯索中，经天市垣，诸流星并向北行，至晓不可胜数。"这是宝瓶座 η 流星雨的观测记录，发生在刘宋元嘉二十年二月乙未（443 年 4 月 9 日）的夜晚，记述详尽，描写生动，令人难忘。又如《旧五代史》中所记录的狮子座流星雨："后唐明宗长兴二年九月丙戌夜，二鼓初，东北方有小流星入北斗魁灭。至五鼓初，西北方有流星，状如半升器，初小后大，违流入奎灭……又东北有流星如大桃，出下台星，向西北速流而斗柄第三星旁灭。五鼓后至明，中天及四方有小流星百余，流注交横。"意思是说，931 年 10 月 15 日夜晚 10 点，东北方向有小流星流入北斗附近后消失。到了第二天凌晨 4 点时，西北方向又出现流星，形状大小如半升量器的样子，开始小后来逐渐变大，迅速流到奎宿而消失……又有像桃子形状的流星出现在下台星的西北部，消失在北斗柄第三星附近。从凌晨 4 点至天明，中天和四方有 100 多颗小流星，穿梭般地在天空奔驰。这些流星雨记录为确定流星雨的辐射点，研究流星雨的周期，运行轨道的变迁，查明流星雨和各行星的关系等问题，提供了可贵的资料。

中国古代约有 500 次的陨石降落史料记载，是世界各国中记录古代陨石最为详尽而系统的资料。最早的可靠记载是《春秋》中所载的公元前 645 年 12 月 24 日在今河南商丘县出现的一次陨石降落："僖公十有六年春，正月戊申朔，陨石于宋五。"《左传》解释说："十六年春，陨石于宋五，陨星也。"《史记·天官书》中说得更明白："星坠至地，则石也。"与此相反，在欧洲，1768 年曾发现 3 块陨石，人们莫名其妙。巴黎科学院推举拉瓦锡对它们进行研究。他研究后说："石在地面，没入土中，电击雷鸣，破土而出，非自天降。"直到 1803 年，欧洲人才知道了陨石的来历。这说明中国古代对于陨石的观测和认识都已经达到了相当的水平，远远走在欧洲人的前面。

到了宋代，中国科学家沈括进一步发现了陨石中有以铁为主要成分的铁陨石。他在《梦溪笔谈》中写道："治平元年，常州日禺时，天有大声如雷，乃一大星，几如月，见于东南。少时而又震一声，移著西南。又一震而坠在宜兴县民许氏园中，远近皆见，火光赫然照天，许氏藩篱皆为所焚。是时火息，视地中有一窍如杯大，极深。下视之，星在其中，荧荧然。良久渐暗，尚热不可近。又久之，发其窍，深三尺余，乃得一圆石，犹热，其大如拳，一头微锐，色如铁，重亦如之……"这段记载包括陨石降落的全过程。从摩擦生热发光，光球的大小，陨石飞行的方向，陨石的形状、大小直到陨石的性质都作了详细的记述，成为重要的科学记录。

我们的祖先不仅最早发现了陨石，而且很早便利用这种天赐之物，做成劳动工具和御敌武器。考古学家在河北藁城区的一个商代墓中发掘出一件铁刃铜钺（一种形状有些像现在斧子那样的兵器），研究证明是由铁陨石锻制而成的。

河北藁城商墓出土的铁刃铜钺

第四章

巧夺天工——中国古代的天文仪器

中国的谚语说："工欲善其事，必先利其器"，就是说一个做工的人要想把工作做得又快又好，必先让他使用的工具变得锋利。天文仪器是天文学发展的基础，因此中国古代的天文学家在这一方面花了不少功夫。这些仪器因其种类繁多、制作精良、构思精巧、用途广泛、装饰美观、规模宏大，在世界天文仪器发展史上占有很重要的地位。以种类来说，中国古代天文仪器有测量用的圭表、浑仪、简仪和仰仪等；有计时用的漏刻、日晷、更香；有演示天象用的浑象、假天仪等；还有集测量、演示、计时于一身的综合仪器，如水运仪象台。这些仪器，在制作上精益求精，从用料上、制造工艺上甚至在装饰上，古人都在追求尽善尽美。下面择其要者，简介如下。

第一节 圭表以及景符、窥几

圭表是中国最古老、最简单的一种天文仪器。它由两部分组成，一为直立的标竿，称为表，一为正南北方向平放的尺，称为圭。

圭表始于何时已很难考证。最早可能源于立竿见影，即直立一根标竿，观测它的日影变化，后来才增加了正南北方向的圭。史料中直接记录圭表的使用大概在东周鲁文公时代，即公元前7世纪。但实际上圭表的使用可能比这早得多。相传西周初，周公在阳城（今河南登封告成镇）设立了测星台。目前在登封测星台还保存着一块刻有"周公测星台"五字的唐代石碑。古人认为夏至日8尺表的影长为1尺5寸，则该地位于大地的中央，而该处夏至日8尺表的影长正巧是1尺5寸。由此看来，周公可能确实在这里测过日影，那时他大概已使用表高为8尺的圭表了。

圭表怎样校正？对表可用悬挂重物的线来检验其是否在铅垂线方向上，而对圭则可观测其上的刻水槽中的水面来检验其是否水平。同时圭与表之间是否保持垂直，还可以用直角三角形的勾股定理来进行验算。对8尺的表，如影长为6尺，则表的上端与影的顶端的连线应为10尺，这时圭与表正巧垂直。至于表怎样才能安放在正南北方向上，最早的一种方法是，先立一表，在日出和日没时分别观看它的影子，并以表的底部为圆心做一相当大的圆，将东西两个影子与此圆的两个交点连接起来，则此连线便为正东西方向，而线的中点与表底的连线则为正南北方向。后来还有精度更高的定南北方向的方法。

圭表的用处：①确定每天太阳直射时12时（即正午）的时刻，这时表影正好投在圭面上。②确定每年夏至日、冬至日，并进而推算出一回归年的长度，为提高精度，往往将当时测定的冬至日日期与数百年甚至千年以前的冬至日日期相比较，以其间相隔的日数除以其间相隔的年数，则可得到十分精确的回归年长度值。③定地域。例如通过观测不同地点夏至日正午日影长度的不同来丈量大面积的土地。古人认为夏至日在南北两地用8尺表测日影，若影长相差1寸，两地应相差1000里，这可以说是天文大地测量方法的萌芽。可惜"千里差一寸"之说是错误的，后来唐代的一行（683—727年），已用实测证明了这一数据不可靠。④可确定某些恒星上中天的时刻，还可以推算出它们的去极度。

1747年，欧拉（1707—1783年）根据其他行星对地球的摄动，指出黄赤交角在缓慢地变化。我国古代圭表的测影数据是研究黄赤交角变化的极好资料。

元代的郭守敬（1231—1316年），为了减少测量的相对误差，制成了巨型圭表，他把"表"的高度从8尺延长到4丈，圭长也相应增至128尺，圭的宽度为4尺5寸，全面土有1寸深的水渠与池相连，充水后，可以检验圭面是否水平；圭由石块砌成，而表则系铜制品，原长5丈，入地深1丈4尺，在圭面上露出3丈6尺；表顶分出两条龙，龙支撑着一道横梁，横梁至表顶4尺，所以横梁离圭面正好4丈。在横梁两端可系铅垂线，以调整表是否直立在圭旁。由于把表提高到4丈以后，横梁的影子投在圭面上往往不清楚，郭守敬发明了一种叫景符的装置，它是一个宽2寸、长4寸的中间有一小孔的钢叶，北高南低地放在一个架子上，并随同架子在圭面上来回移动，利用小孔成像的原理，可在圭面上清晰地呈现出太阳和4丈高表的横梁的像，当梁影正巧平分太阳像时，即可由此位置正确地读出日影长度。据研究，这种方法所侧影长可准确到±2毫米，在当时确实是难于达到的精度。

此外，为了对月亮、行星和恒星进行测量，在这大型圭表上，郭守敬又设计了一种叫"窥几"的附属仪器。它是一张桌面上开有长缝的长方桌，桌子长6尺，宽2尺，高4尺，长缝长4尺，宽2寸。将窥几顺着南北方向放在圭面上，人在几下观测，几面狭缝中有两棍界尺，叫窥限，观测时，使两窥限分别与天体及捞梁上下边缘成一直线，然后取两窥限的中值，由此可算出天体在圭面上的"影长"，从而求出该天体的去极度。郭守敬按照他的巨型圭表的原理建造了元观星台，即现存的登封测星台，它是一个以测影为主，兼有观星和记时等多种功能的古天文台。从现在的遗迹中不难看出，它确实是一座十分雄伟的古代天文建筑物。

第二节　浑仪和简仪

　　浑仪是在支柱上面，安装了多个刻有度数的圆环，中心设有观测天体的窥管，它是古代测量天体位置的重要仪器。用浑仪可测定昏、旦和夜半的中星以及天体的赤道坐标，有的浑仪也能测量天体的黄道坐标和地平坐标。

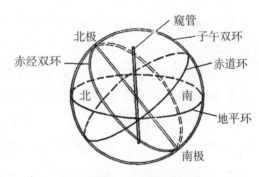

孔挺的浑仪（支座部分未绘出）

　　我国古代浑仪何时问世，很难断定。在浑仪出现之前，可能有过一种边缘有刻度、中心有插孔的圆盘状测角仪器，它被称为圆仪。后来在此基础上加以发展，逐渐产生了浑仪。有史料记载最早制造浑仪的是西汉时期的落下闳（约公元前 1 世纪）。

　　早期的浑仪构造如何已难于查考。有详细结构记载的最早的浑仪是东晋时前赵的史官丞孔挺在光初六年（323 年）所造的那一架。根据《宋书》和《隋书》的记载，孔挺浑仪的外层由固定的地平环、赤道环和子午双环组成，地平环和赤道环上面刻有度数，实际上兼作读数度盘，子午双环由位于子午面内的双圆环组成，在南北极处相连并留圆孔，以承极轴。整个外层环圈依托在固定的支座上。孔挺浑仪的内层由极轴、赤经双环和窥管（又称望筒）组成，赤经双环内夹着窥管，窥管可以在赤经双环内沿南北方向转动，也可以随赤道双环在固定的外层环圈中绕极轴转动，以便随意对准天空的任何地方。

此后，浑仪的结构日趋复杂，往往还增加了黄道环、白道环等。例如，贞观七年（633年）唐代天文学家李淳风（602—670年）制成的浑仪，其结构分外、中、内3层。外层称六合仪，由于午环、地平环和百刻环交结成固定的框架；中层称三辰仪，由赤道环、黄道环和白道环等构成，中层各环间的相对位置是固定的；内层叫四游仪，由极轴、赤经双环和窥管组成。与孔挺的浑仪相比，它实际上增加了中层的三辰仪。这种浑仪除可以读出天体的赤道坐标和地平坐标外，还可以读出天体的黄道坐标和白道坐标。

唐代以后制造的浑仪，其基本结构大抵上与李淳风浑仪相似，这些浑仪大多未能保存下来，保存至今的只有明代正统二年至七年（1437—1442年）按照古代浑仪仿制的一架。

浑仪环数增多后，所遮蔽的天区也越来越多。而唐、宋以后数学的发展，人们又逐渐掌握了赤道、黄道和白这3种坐标系统的互换。因此，自北宋以后，开始了浑仪的简化过程，北宋的沈括（1031—1095年）首先去掉了三辰仪中的白道环，而元初的郭守敬则对浑仪进行了根本的变革，创造了简仪。

郭守敬摈弃了把几种不同坐标的圆环集中在一起的做法，废除了黄道坐标环组，把地平和赤道两个坐标环组分解为两个独立的部分——赤道装置部分和地平装置部分。前者由北高南低的两个支架支撑极轴，极轴的南端内外套叠着固定的百刻环和游旋的赤道环，南北两极之间夹着四游双环，四游双环中装有窥衡（相当于窥管），以测量天体的赤道坐标；后者由安放在下部的固定的地平环以及可绕铅垂线旋转的立运环组成，立运环中间夹有窥衡，以测量天体的高度和方位角。

简仪的创制，是我国古天文仪器制造史上的一次大飞跃。它的赤道装置部分实际上和现代天文望远镜中的英国式装置原理完全一样。所以李约瑟在评价简仪时认为："对于现代望远镜广泛使用的赤道装置来说，郭守敬的做法实在是很早的先驱。"

第三节　日晷、仰仪、漏壶

日晷和漏壶都是计量时间的古天文仪器。古代生产力低下，对计量时间的精确度要求不高，但社会生活的各方面仍然需要统一的时间标准。如大臣们"上朝"，军队中的"点卯"等。我国古代标准时间由朝廷统一掌管，用的都是地方时。政府还通过鸣钟、击鼓、打更等方式向群众发布（授时），现在各地看到的古代所建的钟楼、鼓楼，便是古代授时的建筑。而古代计量时间的工具则是日晷和漏壶。

日晷的"晷"字古义是太阳的影子。有人认为日晷起源于圭表。在圭表中，正午时刻太阳的影子正巧投在圭面上，这时便是当地真太阳时12时正。其他时间中，表的影子投在圭两边的地面上，如划定刻线，也可根据表影的长度和方位来确定时间，所以圭表实际上也可以起到一台地平日晷的作用。但后来由于圭表和日圭的不同作用便逐渐分开了。日晷除有一根表（称为晷针）外，必须配有时刻线的晷面，圭表则必须有南北向的圭面。

我国古代，日晷创始于何时尚无法断定。目前出土最早的日晷则是汉代日晷。日晷通常可分为地平日晷、赤道日晷、球面日晷等。地平日晷的晷针指向天顶，晷面水平放置，对应于各个时辰的晷面刻度是不均匀的。我国古代最常用的则是赤道日晷，其晷面和赤道面平行，晷针则垂直地上下穿过晷面，和地球的自转轴方向相平行。晷面边缘均匀地刻有子、丑、寅、卯等 12 个时辰，或者用我国古代常用的百刻法来平分晷面。每年春分以后，太阳位于赤道之北，需看盘上面的针影；而秋分以后，太阳位于赤道之南，所以需看盘下面的针影。

我国古代很少使用球面日晷，在朝鲜和日本曾颇为流行，但是，实际上球面日晷却源于中国。

常见的日晷

使用日影测时的日晷，无论是何种形式都有一根指时针，这根指时针与地平面的夹角必须与当地的地理纬度相同，并且正确地指向北极点，也就是都有一根与地球自转轴平行的指针。观察这根指针在指定区域内的投影，就能确定时间。日晷依晷面所放位置的不同，常见的日晷可分成下列几种不同的形式：①水平式日晷。最常用的日晷，采用水平式的刻度盘，日晷轴的倾斜度，依使用地的纬度设定，刻度需要利用三角函数计算才能确定。适合低纬度的使用。②赤道式日晷。依照使用地的纬度，将轴（指时针）朝向北极固定，观察轴投影在垂直于轴的圆盘上的刻度来判断时间的装置。盘上的刻度是等分的，夏季和冬季轴投影在圆盘上的影子会分在圆盘的北面和南面，适合中低纬度的使用。若将圆盘改为圆环则称为赤道式罗盘日晷。③极地晷。供指时针投影的平面与指时针平行，即地平面的夹角与地理纬度相同，并朝向正北。时间的刻画可以用简单的几何图来处理，投影的时间线是平行的线条。适合各种不同的纬度使用。④南向垂直日

日晷

晷。刻度盘面朝向正南且垂直地面的日晷。这一种日晷较适合在中纬度使用。⑤东或西向垂直式。刻度盘面朝向正东或正西且垂直地面的日晷。这一种日晷只能在上半日（东向）或下半日（西向）使用，但全球各纬度都适用。⑥侧向垂直式。刻度盘面采用垂直方向的日晷。这一种日晷需要依照建筑物的墙面方向换算刻度，不容易制作。依季节及时间的不同，有时不会产生影子。南向与东西垂直日晷都可视为此形式的特例。⑦投影日晷。不设置指时针，仅在地平面依地理纬度的不同绘制不同扁率的椭圆，在其上刻画时间线，并将长轴指向正东西方向，南北向的短轴上则需刻上日期，指示立竿测量时刻的正确位置。⑧平日晷。晷面水平放置而晷针指向北极，晷面和晷针之间的夹角就是当地的地理纬度。

元代初期，天文学家郭守敬创制了仰仪。它的形状好像一口平放的锅，锅口的上边刻着时辰名，相当于地平圈，上面还有水槽，用以校正水平。在"锅"的北部放置东西向和南北向的杆子各一根，南北向杆子延伸到半球的中心，顶端有一小方板，称璇玑板，它可绕南北向和东西向转动。其中央有一正好位于"锅"的中心的小孔。

在仰仪的内半球上，刻有赤道、地平坐标网。不过，这个坐标网和天球坐标网东西、南北、上下正好颠倒。转动璇玑板，使它正对太阳。太阳光通过小孔在球面上成像，从坐标网上即可读出太阳的去极度和时角。仰仪实际上是一种球面日晷，但由于它使用了针孔成像原理，所以这架仪器的用途比球面日晷更广，除可用以计量时间外，还可以从其所定出的太阳去极度推算出季节，而且可以观测日食（如定日食发生的时刻、食分和观测日食的过程等）。后来，仰仪传到朝鲜和日本后，取消了璇玑板，改成尖顶的晷针，于是便成为纯粹的球面日晷了。

在阴天和夜晚，无法用日晷来测定时间，我国古代很早发明了一种利用水滴的等时性来计时的仪器，称为漏壶，它相当于近代天文学中时钟等

箭漏

授时仪器。漏壶通常分为两种，一种是观测容器中的水泄漏减少的情况来计量时间，为泄水型；另一种是观测受水壶中流入的水增加的情况来计量时间，为受水型。我国古代常在漏壶中用箭舟托着漏箭，用箭的下沉（对泄水型）和上升（对受水型）的刻度数来指示时刻，这样的漏壶常称箭漏。除箭漏外，还有以漏水的重量来计量时间的称漏和以沙代水的沙漏，但用得最多、流传最广的则是箭漏。

漏壶诞生极早，到了春秋时期，漏壶的使用已相当普遍。据《史记·司马穰苴列传》中记载，春秋时期，齐国司马穰苴在军中"立表下漏"以待庄贾，日中而庄贾违令不至即被处死的事件，这里所说的"下漏"便是指使用了漏壶。通过考古发掘而得到的最早的漏壶是西汉时期的，现已发现3只：一在河北满城，一在内蒙古伊克昭盟，一在陕西兴平。它们都是铜制的单只的泄水型漏壶。

单只漏壶随着壶中水的减少，流水速度也在变慢。为了保持计时的稳定性和精确度，后来人们想到在漏水壶上另外加一把漏水壶，用上面流出的水来补充下面壶的水量，就可以提高下面壶流水的稳定性。因为这种方法只适用于受水型漏壶，因此泄水型漏壶就逐渐被淘汰了。当然在补给壶之上还可以再加补给壶，形成多级漏壶，东汉张衡（78—139年）已使用了1把补给壶的2级漏壶，并用玉虬（虹吸管）来滴水；晋代出现了有2把补给壶的3级漏壶；唐初吕才设计了有3把补给壶的四级漏壶。

北宋的燕肃发明了莲花漏，这种漏壶因水壶的顶做成莲花状而得名。莲花漏采用了漫流原理，即在中间壶的上方开一孔，使上面来的过量的水自动从这个分水孔流出，从而保持了漏水壶中水位的恒定。莲花漏计时精度较高，北宋时曾风行各地。

沈括所制的漏壶也是恒定水位型漏壶。他的漏壶计时精度相当高，已达到0.1古刻（约1分半钟）左右。他使用了这一仪器，发现了真太阳日的不均匀性。他指出：在不同季节，由圭表测得的日长（相当于真太阳日）会长于或短于一百刻，后者是用漏壶测得的日长（相当于平太阳日）。

在古代天文观测中，例如用浑仪测量天体的位置时，常常要配以漏壶，正如现代测量天体位置时，常常需要配以天文钟一样。所以在古现象台中，漏壶是必不可少的工具之一。

第四节　浑象、水运浑天、水运仪象台

浑象是一种用来演示天体视运动的仪器，它是在一个圆球上刻画或镶嵌星宿、赤道、黄道、恒隐圈、恒显圈等，这个圆球可绕极轴转动，以演示天体的东升西落。浑象与当今的天球仪十分雷同，可以说是当代天球仪的祖先。

西汉甘露二年（公元前52年），耿寿昌"铸铜为象"，制成了浑象，这是有史可查的最早的浑象。东汉时，天文学家张衡设计和制造了第一台"水运浑象"，它用水力作为动力通过齿轮系统推动浑象本体一天旋转一周，浑象上所显示的星出没能与实际天象完全相符。此外，张衡还创造了名叫"瑞轮蓂荚"的附属装置配置在水运浑象上。从每月初一起，每日转出一片木板到地平线上，15日则出现15片，然后每天转入一片，到月底落完，相当于一个自动日历。

唐开元十一年（723年），一行（673—727年）与梁令瓒制造了一个水运浑天，又比张衡的有较大改进。它除浑象本身和靠"注水激轮"的动力部分外，还附有一个自动报时机构，即用两个木人敲钟、击鼓来报时，每到一刻，一木人自动击鼓，每到一个时辰，

浑象仪

水运浑象

另一木人自动敲钟。两木人的动作是由木柜中交错的"轮轴钩链"来推动。英国著名科学史家李约瑟把一行和梁令瓒这一创造看作世界上第一个擒纵器，并认为他们的水运浑天是世界上机械天文钟的发端。

我国古代天文仪器，从汉到唐、宋，有向复杂、综合的方向发展的趋向，而到苏颂（1020—1101 年）和韩公廉等制成的水运仪象台达到了顶点。这一仪象台可称是宋代以前天文仪器成就的集大成者，它是一台把浑仪、浑象以及计时和报时装置结合在一起的大型古天文仪器。

在苏颂所著的《新仪象法要》中详细介绍了水运仪象台的设计和制作情况，并附有多幅绘图。根据《新仪象法要》记载，水运仪象台是一座底为正方形、下宽上窄略有收分的木结构建筑，高大约 12 米，底宽大约 7 米，共分为三大层。

上层是一个露天的平台，设有浑仪一座，用龙柱支持，下面有水槽以定水平。浑仪上面覆盖有遮蔽日晒雨淋的木板屋顶，为了便于观测，屋顶可以随意开闭，构思比较巧妙。露台到仪象台的台基 7 米多高。

中层是一间没有窗户的"密室"，里面放置浑象。天球的一半隐没在"地平"之下，另一半露在"地平"的上面，靠机轮带动旋转，一昼夜转动一圈，真实地再现了星辰的起落等天象的变化。

下层设有向南打开的大门，门里装置有 5 层木阁，木阁后面是机械传动系统。

第一层木阁又名"正衙钟鼓楼"，负责全台的标准报时。木阁设有 3 个小门。到了每个时辰的时初（古代一天分为 12 个时辰，一个时辰又分为时初和时正），就有一个穿红衣服的木人在左门里摇铃；每逢时正，有一个穿紫色衣服的木人在右门里敲钟；每过一刻钟，一个穿绿色衣服的木人在中门击鼓。

第二层木阁可以报告 12 个时辰的时初、时正名称，相当于现代时钟的时针表盘。这一层的机轮边有 24 个司辰木人，手拿时辰牌，牌面依次写着子初、子正、丑初、丑正等。每逢时初、时正，司辰木人按时在木阁门前出现。

第三层木阁专报刻的时间。共有 96 个司辰木人，其中有 24 个木人报时初、时正，其余木人报刻。例如：子正：初刻、二刻、三刻；丑初：初刻、二刻、三刻；等等。

第四层木阁报告晚上的时刻。木人可以根据四季的不同击钲报更数。

第五层木阁装置有 38 个木人，木人位置可以随着节气的变更，报告昏、晓、日出以及几更几筹等详细情况。

5 层木阁里的木人能够表演出这些精彩、准确的报时动作，是靠一套复杂的机械装置"昼夜轮机"带动的。而整个机械轮系的运转依靠水的恒定流量，推动水轮做间歇运动，带动仪器转动，因而命名为"水运仪象台"。

苏颂主持创制的水运仪象台是 11 世纪末我国杰出的天文仪器，也是世界上最古老的天文钟。国际上对水运仪象台的设计给予了高度的评价，认为水运仪象台为了观测上的方便，设计了活动的屋顶，这是今天天文台活动圆顶的祖先；浑象一昼夜自转一圈，不仅形象地演示了天象的变化，也是现代天文台的跟踪器械——转仪钟的祖先；水运仪象台中首创的擒纵器机构是后世钟表的关键部件，因此它又是钟表的祖先。从水运仪象台可以反映出中国古代力学知识的运用已经达到了相当高的水平。

这台水运仪象台在后来北宋灭亡时被金人缴获，金人在拆卸后，再也无法装复了，后来

水运仪象台复原模型

就没有留存下来。但苏颂编写的《新仪象法要》把该仪器讲得十分透彻，还附有插图 60 多幅，提到的机械零件有 1500 多个，是我国历史上流传下来的最早的机械设计史料。据此，1958 年复制了为原来大小的 1/5 的水运仪象台模型，现陈列在中国历史博物馆内。

第五节　八架大型清代天文仪器

北京古观象台上安放着八架大型清代天文仪器，它们是赤道经纬仪、纪限仪、地平经纬仪、地平经仪、黄道经纬仪、天体仪、象限仪和玑衡抚辰仪。仪器上那昂首欲飞的苍龙、雕刻精湛的纹饰，无不显示出中国古代文化的辉煌。

北京古观象台建于明正统七年（1442 年），是世界上现存最古老的天文台之一，同时也是我国明清两代的皇家天文台。它以建筑完整、仪器配套齐全、历史悠久而闻名于世。

早在元十六年（1279 年），天文学家王恂、郭守敬等在今建国门观象台北侧建立了一座司天台，成为北京最早的古观象台。明朝建立后，于明正统七年（1442 年）在元大都城墙东南角楼旧址上修建观星台，放置了浑仪、简仪、浑象等天文仪器，并在城墙下建紫微殿等房屋，后又增修晷影堂。此时观星台和其附属建筑群已颇具规模。

1644 年清朝建立之后，改观星台为观象台，并接受汤若望的建议，改用欧洲天文学的方法计算历书。1669—1674 年，由康熙皇帝授命，南怀仁设计和监造了

北京古观星台　台上仪器

6架新的天文仪器：赤道经纬仪、黄道经纬仪、地平经仪、象限仪、纪限仪和天体仪。康熙五十四年（1715年）纪理安设计制造了地平经纬仪。乾隆九年（1744年），乾隆皇帝又下令按照中国传统的浑仪再造一架新的仪器，命名为玑衡抚辰仪。至此，今天所看到的8架古仪都已装备完毕。

1900年八国联军入侵北京，德、法两国侵略者曾把这8架仪器连同台下的浑仪、简仪平分，各劫走5件。法国将仪器运至法国驻华大使馆，后在1902年归还。德国则将仪器运至波茨坦离宫展出，在第一次世界大战后，根据凡尔赛和约规定，于1921年装运回国，重新安置在观象台上。

1911年辛亥革命后，观象台改名为中央观象台。1927年，紫金山天文台筹建后，古观象台不再作观测研究，于1929年改为国立天文陈列馆。1931年"九一八"事变后，日本侵略者进逼北京，民国政府为保护文物，将置于台下的浑仪、简仪、漏壶等7架仪器运往南京。现这7架仪器分别陈列于紫金山天文台和南京博物院。

一、玑衡抚辰仪

主要用于测定真太阳时及天体的赤经差和赤纬。重5145千克，高3.379米。1754年制成。仪器分为三重：最外一重叫子午双圈，双圈空隙表示子午线；赤道单环与子午双圈相交。子午圈下半部分用云座支撑，南北两极设有铜轴。中间一层由连接在南北两极的赤道经圈和游旋赤道圈组成。最内层是贯于两极轴上的双层赤经圈，其上端有一十字丝，使观测更为准确。玑衡抚辰仪是清代制造的最后一架大型铜仪，无论是冶金制造还是雕刻方式，都反映了当时的发展水平。

二、地平经仪

主要用于测定天体的方位角。制于1669—1673年，重1811千克，高3.201米。由南怀仁监制。此仪主体是地平圈，圈内设有东西通径，中间为圆盘，用云柱支撑。四隅用3根龙柱及一根铸造精细的铜柱支撑，下面是十字交梁，有螺柱用来调整水平。在东西柱上，又立两根柱，两条龙沿柱蜿蜒而上，顶端各伸出一爪，合捧一个火球，球心表示天顶，与地平圈的中心成一条垂线。沿垂线方向安有一根上指天顶下指地心的中空立表，此表可旋转360度，立表下端设有一个与它垂直的横表，其长和地平圈外经相齐，平放在地平圈上。立表的中空处，上下各设有一个立柱，柱顶端有一个垂直的小孔，旁边有一个小孔贯穿两侧，并与垂直的小孔相通，两个立柱用垂线相连，立表上端两侧，平置两个小柱，从小柱分引两条斜线与横表两端相连。观测时，使待测天体与横表两端的线和中心垂直在一个平面上，就可定出地平经度。

三、象限仪

主要用于测定天体的地平高度或天顶距，又称地平纬仪。制于1669—1673年，由比利时传教士南怀仁监制。重2483千克，高3.611米。主要部件是一个90度的象限环。象限环竖边上指天顶，下指地心，横边与地平线平行，横竖两边相交于圆心。仪器的背面正中是数轴，轴两端是圆的，象限环固定在数轴上，可做360度旋转。东西各有一立柱，立柱上端、下端都有一横梁相接，梁中心凿有圆孔用来安装竖轴。象限环的圆心，伸出一根横轴，其上挂窥横，窥横下端有立耳，背面设有夹螺子（现已折断），旁边有游表（已遗失）。

象限仪

四、天体仪

主要用于测定天体出没的时间和方位，以及求任何时刻天体的地平高度和方位角。此外还有60多项用途。制于1669—1673年，由南怀仁监制。仪重3850千克，高2.735米。此仪用一个直径为6尺的铜球代表天球，球面上布列着大小不等的镀金铜星1876颗，并把它们

天体议

分为 282 个星官。球面上刻有赤道圈，与钢轴垂直。铜球外边南北直立的是子午圈，其上最高点代表天顶的铜制火球。球面外与地平平行的是地平圈，四根立柱托着地平圈立于底座上。

五、黄道经纬仪

主要用于测定天体的黄经差、黄纬和 24 节气。制于 1669—1673 年，由南怀仁监制。重2752 千克，高 3.492 米。是我国第一架独立的黄道坐标系统观测仪器。外圈正立的是子午圈，两极安有铜轴，用半圆契合，使它固定。里面为极致圈，连接在极轴上。距黄极 90 度，横置着黄道圈，和极致圈相直交，两圈的交点，靠近北极者为夏至点，靠近南极者为冬至点。最里面是黄道经圈，用铜轴贯于黄道南北极。支撑子午圈的是一个半圆形云座，座下用两条相背升龙支撑，下接斜十字交梁。

黄道经纬仪

六、纪限仪

用来测定 60 度角以内任意两颗天体的角距离和日、月的角直径。制于 1669—1673 年，由南怀仁监制。重802 千克，高 3.274 米。主要部件是一个 60 度的圆弧和一个干，干末端有手柄，柄端有一个小环，用来挂滑车的钩（滑车已散失），干的顶端伸出一根

纪限仪

横轴，用来挂窥横（原窥横已遗失，现仪器上的窥横是后配的）。横轴稍下位置，左右各立一个小柱，用来帮助测量。60 度的圆弧以流云作为装饰，背部有枢轴，可以随意调整高低，用半圆齿轮来支撑，同时还设有用来转动的柄轮，观测时可以左右升降，它的下面中柱，插入游龙缠绕的圆座柱里，可四方旋转。

七、地平经纬仪

主要用于测定天体的方位角和地平高度。制于1713—1715年，由德国人纪理安负责督造。重7368千克，高4.125米。此仪集地平经仪和象限仪的构造与作用于一体，所不同的是，将象限弧向上，游表不用夹缝方法，而采用游表两端各开一窥孔的方法。它是古观象台唯一采用西方文艺复兴时期法国式艺术装饰的天文仪器。使用时减少了由于两架仪器测量所带来的误差。

八、赤道经纬仪

主要有测定太阳直射时，天体的赤经差和赤纬等14项用途。制于1669—1673年，由南怀仁监制。重2720千克，高3.380米。最外是子午圈，南北两极各安铜轴，用半圆契合，使它固定。距两极90度位置，横贯着赤道圈，与子午圈相交，从南极处伸出两个象限弧用来支撑赤道

赤道经纬仪

圈。赤道圈内是一个可绕极轴转动360度的过极经圈——赤经圈。两极之间的通轴中央安有横表。仪器下边有一半圆形云座，用来支撑子午圈，它的中央有一洞孔，用来装垂球。该仪是我国古代天文观测中经常使用的仪器。

第五章

历经沧桑——中国古代的天文台

第一节　中国天文台的发展历史概述

中国古代历来十分重视天象观测，因此作为天文观测基地和天文研究场所的天文台的建筑具有悠久的历史，天文台的发展同时也代表了那一时代天文学发展的水平。在我国古代对天文台曾经有许多称呼，比如：灵台、渐台、清台、天台、云台、观台、候台、赡星台、司天台、观星台、观象台，等等。

传说夏朝的天文台叫清台，商朝叫神台，到了周朝则称作灵台。《诗·大雅》中有一首诗歌叫《灵台》，叙述了周文王曾在丰邑的西郊建筑了一座灵台，台高两丈，周长420步。周以前的天文台主要是为了祭祀日月设立的，所以天文台只是一个高于其他建筑物的平台，台址一般选择在平坦的开阔地带。

中国古代的帝王多自诩"受命于天"，认为天象变化与自己的统治地位息息相关。他们当然希望天上的"信息"只传递给自己，所以他们总是牢牢地掌握着天文观测机构，只许在皇城建立天文台。但有时，当中央权力失去控制力时，各诸侯国就会不顾禁令，纷纷设台。春秋时的鲁国就建立了自己的天文台，叫观台。

后来，由于天文观测项目的增加和祭祀活动的频繁，活动场地就需要分开，祭祀活动改到叫明堂的建筑物去举行，天文台则专司观测天文和气象。

史书记载，西汉时，都城长安的郊区建有天文台，开始也叫清台，后改为灵台。台上安置了浑仪、铜表和相风铜乌等天文气象仪器。东汉时，汉光武帝于中元元年（56年），在洛阳城平昌门附近建立了明堂和灵台各一座。灵台东西两面有墙垣，墙内中心有一座方形高台，是观测天象的场所。高台四周有10多间屋舍，是观测人员住宿、办公之地。东汉灵台在三国、西晋时期还在使用，直到北魏才被废弃。1974年在河南省偃师县发掘出该灵台遗址。遗存的台基由泥土夯成，高约8米，占地达4.4万平方米。

到了唐代，统治者在长安城郊建设了最主要的天文台即仰观台，又叫司天台，直接归太史监管辖，天文学家李淳风就是在这里进行观测的。唐代中期，在集贤院里专为天文学家一行建了一座仰观台。另外，在陕西省咸阳附近还有一座清台，专供天文学家薛颐占卜吉凶之用。隋唐时期流行一种风气，皇帝不但在都城郊区建立天文台，而且在皇宫内院也设立宫内天文台。

北宋时，国力强大，科技发达，仅汴京（今河南开封）一地就设立了4个天文台，其中司天监的岳台和禁城内翰林天文院的候台是主要的观测台。两台的仪器一模一样，用于对比检查测量结果。当有异常天象出现时，两台必须互相核对，并同时上报，以防误报或作假。4个天文台都备有大型浑仪，各用2万斤铜铸成。除此之外，宋朝廷还设立了一个校验所，校验浑仪和漏刻的准确性。朝廷被迫南迁以后，在临安（今杭州）先后又建了两座天文台，一座为太史局司天台，一座为秘书省测验所。关于宋代天文台的建筑布局，我们只能从南宋科技书里的一幅插图了解其大致情况。

金朝在燕京（今北京）建都，设立天文台。由于金人来自文化落后地区，没有精良的观测仪器，于是把北宋的仪器、图书全部北迁。但其中的浑仪是按开封的地理纬度设计的，不能用于北京。

元人进驻大都（今北京）以前，曾在上都（故址在今内蒙古正蓝旗东闪电河北岸）建立过一个天文台，由西域人扎马鲁丁主持。天文台使用阿拉伯天文仪器测量，并编制阿拉伯天文体系的各种数表，成为阿拉伯天文学在东亚的研究中心。从史书对阿拉伯天文仪器的描述，推断天文台的规模不会太小。

在河南登封告成镇，有一座奇怪的建筑物，房不像房，塔不像塔，高耸的建筑物下面向北延伸一条很长的"路"，这就是建于元初的登封观星台。据说观星台的原址早在周代就用于天文观测。当地人直到现在还称它"周公测星台"。据传，唐代开元年间，一行和南宫说等进行全国天文大地测量时，曾在这里立起一块石表，上刻"周公测星台"，似乎确有其事。观星台建筑物本身就是一个绝妙的表：高台中央的门就作为表端，"路"由 36 块石板铺成，就作为圭，这样大的圭和表是郭守敬的杰作。

作为元代官方的主要天文台，司天台建在大都城的东南方向，完成时间是至元十六年（1279 年），300 多年以后毁于战争。通过元代《太史院铭》中的叙述，可了解司天台的基本布局，并复原成图。司天台台高 7 丈，外有围墙，围墙长 200 步，宽 150 步。整个建筑分 3 层，下层是办公用房，太史令等官员在南房，推算局在东厢房，测验局和漏刻局在西厢房，辅助人员在北房；中层有 8 个房间，用于存放图书、仪器等；上层是露天平台，置有简仪、仰仪、圭表和玲珑仪等仪器，印历工作局也设在上层。司天台是当时世界上最先进的天文台之一，可以和中亚的马拉加天文台相媲美。

明代洪武十八年（1385 年），在南京鸡鸣山上建造了观星台，台上的仪器是元代的，为了使仪器适于在南京观测，对仪器做了改造。与此同时，在南京雨花台上还建造了观星台，所用仪器都是使用元代的阿拉伯仪器。

北京古观象台，是明清两代的官方天文台，至今已有 544 年的历史，它坐落在北京建国门立交桥旁，至今保存完好。观象台上安置的仪器，大多是耶稣会传教士设计的，除在造型上有些中国特色外，结构和工艺等方面无不反映出当时欧洲的仪器制造水平。清代天文学家曾在这座观象台上进行过两次重大的系统观测，第一次的成果是以 1744 年为历元的《仪象考成》星表，包括 3083 颗恒星；第二次则是在第一次观测的基础上将恒星数目扩充到 3240 颗，编入《仪象考成续编》星表，并改 1844 年为历元。

下面几节重点介绍几个世界一流的中国古天文台，来展示中国古代天文学的发展状况。

第二节　东汉洛阳灵台遗址

东汉光武帝中元元年（56 年），在洛阳南郊（今河南堰师）建造了一个观测天象的"灵台"。汉代是我国天文学发展的繁荣时期，那时的许多研究成果居于世界领先地位，而洛阳又是我国的古都之一，是政治、经济、科学技术及文化交流的中心，东周、东汉、西晋及后唐都曾先后在洛阳定都，因此在"洛阳"建立天文台是有一定的科学道理的。

灵台顶部是观测天象的场所，四周的建筑则是观测人员处理观测资料的办公地点。全台总计 43 人，其中灵台丞 1 人，主持全台的工作，下设候星 14 人，候日 2 人，候暴影 3 人，候钟律 7 人，还有候风的 3 人，候气的 12 人以及勤杂人员 1 名。可见，灵台的规模庞大，项目齐全，有明确的分工和专人负责。不论黑夜、白天，工作人员都辛勤地工作着，为我国汉代天文学的发展作了宝贵贡献。灵台丞的直接上级是太史令，他掌管灵台和明堂两个机构，明堂是专门进行祭祀活动、颁布月朔时令的地方。如此看来这座汉灵台规模宏大，组织严密，分工明确，项目齐备，对于东汉时期天文学的发展起到了相当大的作用。它是当时全国最大的国家天文台，从东汉时期至曹魏和西晋时期，连续使用达 250 年之久，直到北魏时方弃之不用。

从 1974 年冬到 1975 年春，考古工作者对这座遗址进行了挖掘。经过考古勘察证实，灵台遗址位于汉晋洛阳大城南墙正门平城门外的大道西侧，平面略呈方形，约 230 米见方。四周筑有夯土院墙，中间为一夯土高台。高台基址约 50 米见方，现残高 8 米余，顶部为一平整台面，四周有上下两层建筑平台。上层平台为围绕在高台四面的殿堂式建筑，据残迹复原每面至少 7 间。殿堂墙壁均涂粉，根据西面涂白色粉、东面涂青色粉、南面似涂红色粉的情况，这种依方位的施粉方法，与崇拜四灵（东青龙、西白虎、南朱雀、北玄武）的习俗有关。西侧殿堂内侧还加辟 2 间内室，这也可能与《晋书·天文志》记载的"作铜浑天仪于密室中"的密室有关。下层平台上是围绕上层殿堂外侧的回廊建筑，北侧保存较好，中部设有坡道，回廊外侧为河卵石砌筑的散水。

明堂与灵台同时始建，西晋沿用并增修，北魏在原址上重建。据文献记载与考古勘察资料证实，遗址位于平城门与开阳门外大道之间，隔道西面是灵台、东面为辟雍（太学）。遗址现均在地下，整个院落平面也略呈方形，东西 410 余米，南北残长 400 米。北墙因临近洛河大堤也被破坏，东、西、南三面均残存有夯土墙基。南墙保存最好，中段宽 28~34 米，是明堂南门基址所在，两端宽 14~20 米；西墙和东墙残存长度均达到 200 米。院落中心为一大型圆形建筑台基，直径 60 余米，地基厚 2 米余，台基表面残存当时的各种建筑遗迹，如数量较多大小不同规格的柱槽和砂坑、碎石片铺成的地面以及环绕夯土台基的包壁石条沟槽等。残存的柱槽和砂坑数量虽多，排列也错综复杂，但经过细致研究，还是可以大致确定它是圆形围廊环绕中间一座方形殿堂的大型殿台建筑，最晚建筑时代为北魏。这种形制与《水经注》"寻其基构，上圆下方"的记载也是大致相符的。

东汉时期天文学家张衡从元初二年（115 年）至永宁元年（120 年）和永建元年（128 年）至阳嘉二年（133 年）曾先后两次在此担任太史令，直接领导灵台的观测工作。张衡曾在这里亲自动手设计制造了漏水转浑天仪和世界上第一台记录地震的仪器——候风地动仪，写出了《浑天仪图注》和《灵宪》等天文学著作。

洛阳灵台是迄今为止我国发现最早的天文台。尽管现在仅存遗址，但作为反映我国古代天文学发展水平的科学古迹其地位还是相当重要的，不少文人墨客多有诗词赞誉灵台，可见其影响之大。

第三节　河南登封测星台

河南登封测星台（或叫观星台）建于元代至元十三年（1276 年），距今已有 700 多年的历史，它是我国现存最古老的天文台。元世祖忽必烈统一中国后，为了恢复农牧业生产，任用科学家郭守敬和王恂等进行历法改革。首先，让郭守敬创制了新的天文仪器，然后又组织了规模空前的天文大地测量，在全国 27 个地方建立了天文台和观测站，登封测星台就是当时的中心观测站。经过几年的辛勤观测推算，终于在 1218 年编制出当时世界上最先进的历法——《授时历》。《授时历》求得的回归年周期为

36.2425 日，合 365 天 5 时 49 分 12 秒，与当今世界上许多国家使用的阳历——格里高利历一秒不差，但格里历是 1528 年由罗马教皇改革的历法，比《授时历》晚 300 年。与现代科学推算的回归年期相比，《授时历》仅差 26 秒。

登封测星台，位于河南省登封市东南 7.5 公里的告成镇，北依嵩山，南望箕山，处颍河之滨，地望十分优越，曾是古代阳城所在地。前后院落共分照壁、山门、垂花门、周公测影台、大殿、观星台、螽斯殿等七进，院内复制安装各种天文仪器 10 多种。

测星台由台身与石圭、表槽组成。台身上小下大，形似覆斗。台面呈方形，用水磨砖砌造，台高 9.46 米，连台顶小屋通高 12.62 米。台下边宽 16 米多，上边约为下边之半。在台身北面，设有两个对称的出入口，筑有砖石踏道和梯栏，盘旋簇拥台体，使整个建筑布局显得庄严巍峨。台顶各边有明显收缩，并砌有矮墙（女儿墙），台顶两端小屋中间，台底到台顶，有凹槽的"高表"。在凹槽正北是 36 块青石平铺的石圭（俗称量天尺）。

石圭是用来度量日影长短。它的表面用 36 方青石板接连平铺而成，下部为砖砌基座。石圭长 31.196 米，宽 0.53 米，南端高 0.56 米，北端高 0.62 米。石圭居子午方向。圭面刻有双股水道。水道南端有注水池，呈方形；北端有泄水池，呈长条形，泄水池东、西两头凿有泄水孔。池、渠底面南高北低，注水后

河南登封测星台俯瞰

可自灌全渠，不用时水可排出。泄水池下部，有受水石座一方，为东西向长方形，其上一周亦刻有水槽。

天文学家郭守敬在元初对古代的圭表进行了改革，新创比传统"八尺之表"高出 5 倍的高表。它的结构和测影的方法、原理在《元史·天文志》

中有较详细的记述。当时建筑在元大都的高表据记载为铜制，圭为石制。表高50尺，宽2尺4寸，厚1尺2寸，植于石圭南端的石座中，入地及座中14尺，石圭以上表身高36尺，表上端铸二龙，龙身半附表侧，半身凌空擎起一根6尺长、3寸粗的"横梁"。自梁心至表上端为4尺，自石圭上面至梁心40尺。石圭长度为128尺，宽4尺5寸，厚1尺4寸，座高2尺6寸。圭面中心和两旁均刻有尺度，用以测量影长。为了克服表高影虚的缺陷，测影时，石圭上还加置一个根据针孔成像原理制成的景符，用以接收日影和梁影。景符下为方框，一端设有可旋机轴，轴上嵌入一个宽2寸、长4寸、中穿孔窍的铜叶，其势南低北高，依太阳高低调整角度。正午时，太阳光穿过景符北侧上的小孔，在圭面上形成一个很小的太阳倒像。南北移动景符，寻找从表端横梁投下的梁影。这条经过景符小孔形成的梁影清晰实在、细若发丝。当梁影平分日像时，即可度量日影长度。

登封测星台的直壁和石圭正是郭守敬所创高表制度的仅有的实物例证。所不同的是，测星台是以砖砌凹槽直壁代替了铜表。经过实地勘测推算，直壁高度和石圭长度等结构与《元史》所载多相符合。石圭以上至直壁上沿高36尺，从表槽上沿再向上4尺，即为置横梁处，恰在小室窗口下沿，很适合人们在台顶操作。由此至圭面为40尺。通过仿制横梁、景符进行实测，证明观星台的测量误差相当于太阳天顶距误差1/3角分。

除了测量日影的功能之外，当年的测星台上可能还有观测星象等设施。元初进行"四海测验"时，在此地观测北极星的记录，已载入《元史·天文志》中："河南府阳城，北极出地三十四度太弱。"（"太弱"为古代1度的8/12）又据明万历十年（1582年）孙承基撰《重修元圣周公祠记》碑载："砖崇台以观星。台上故有滴漏壶，滴下注水，流以尺天。"在明代增建的台顶房屋的房梁上还有后人书写的墨书"金壶滴漏处"。由此可以看出登封测星台曾经是一座拥有配套仪器设备，以测量为主，兼有观星、记时等多功能的古代天文台。如今台上的其他天文仪器，已随着岁月的流逝不复存在了，但从巍峨屹立在河南登封的台体遗迹中还不难看出当年的雄姿。近年来，北京天文台等有关单位曾对该台的石圭方位进行了考证和测量。发现它与正南北方向几乎完全一致，这简直令人惊叹不已。登封测星台存在的本身就向世界证明中国古代科技文明的辉煌与不朽。

中华人民共和国成立以后，对观星台台体和有关文物进行了加固维修。1961年3月4日国务院公布为全国第一批重点文物保护单位。

第四节　北京古观象台

北京古观象台属全国重点文物保护单位，位于北京市建国门立交桥西南角，距今已有550多年的历史，为我国明清两代的皇家天文台和观测研究中心，辛亥革命后，改为"中央观象台"。观象台又称为钦天监外署。作为皇家天文台的古观象台，每当有重要天象出现时，钦天监的主要官员

北京古观象台"观象授时"匾

都要到这里来视察工作，等候观测，甚至有时皇帝也亲自驾临古观象台，至今在古观象台紫微殿和西耳房中还有传说为康熙手书的"观察惟勤"和乾隆手书的"观象授时"的巨幅横匾。

> **知识链接**
>
> ### 钦天监
>
> 官署名。掌观察天象，推算节气，制定历法。明初沿置司天监、回回司天监，旋改称钦天监，有监正、监副等官，末年有西洋传教士

参加工作。清沿明制，有管理监事王大臣为长官，监工、监副等官满、汉并用，并有西洋传教士参加。乾隆初曾定监副以满、汉、西洋分用。后在华西人或归或死，遂不用外人入官。

北京古观象台还是西方传教士来华最早的落脚点之一，在传教士来华前和来华初期它一直是按中国传统方式工作的。晚明为改历和引进西法而设局大规模译书。清初因采用西法治历而引起的流血教案均发生于此，比利时传教士南怀仁监制的大型天文仪器则是西法在我国巩固的标志。古观象台的历史与中西文化交流史上许多重大事件有关，足见其特殊的历史作用。

古观象台的珍贵古仪虽几经磨难，南迁北运，甚至远渡重洋，但其主要部件却遗存至今，从台体建筑到天文仪器是目前我国现存天文台中最为完整的一座，是世界上少有的天文古迹。今天人们已经把古观象台看作人类科技史、文化史历史象征和纪念。

一、北京古观象台溯源

北京古观象台的历史，追本求源要上溯至700多年前的金代。金灭宋以后，建都北京，称为"中都"，在此设立太史局司天台，为进行天文观测，将北宋开封的天文仪器运到北京。至此北京的天文台拥有了一批天文仪器。金代司天台的具体位置，因年代久远已无史料可考。元灭金后，元代仍定都北京，将中都改为"大

北京古观象台夜景

都"，至元十六年（1279年），天文学家王恂、郭守敬等在元大都东南建立了一座司天台（距今建国门观象台北侧不远的地方），北宋运来的天文仪器一则已经陈旧，二则因开封的地理纬度与北京的不同，这些仪器已不

能用于观测，因此郭守敬等重新设计制造了一批天文仪器。据《元史》记载，这些仪器有玲珑仪、简仪、浑天仪、仰仪、高表、立运仪、证理仪、景符、窥几、日月食仪、星晷定时仪、候极仪、正仪、正方案和正仪座等。拥有这样一批在当时较为先进的天文仪器，元代司天台的规模和阵容就可想而知了。

太史院在元大都东墙下，院墙长约 123 米，宽约 92 米，院内主体建筑为一座高 7 丈的灵台，台体共分 3 层。太史令相当于现今天文台台长，其下设有推算、测验、漏刻 3 个局，共计有工作人员 70 人。灵台的下层为专供太史令及工作人员的办公用房；中层为研究用房，按八方（即离、巽、坤、震、兑、坎、乾、艮）分成 8 个房间，分别放置图书、资料、盖天图、浑天象、水运浑天、漏壶，等等；灵台上层放置简仪和仰仪，简仪的底座上设有正方案。灵台的左右各建有一座小台，上面设置有玲珑仪，灵台右面建有 4 丈高表，表北为石圭，灵台南面的东西两角为印历工作局。整个机构组织严密，分工明确，仪器设备齐全，可与现代天文台媲美。王恂、郭守敬等在这里辛勤工作，创制仪器，编订历书，使中国天文学的发展达到鼎盛时期，时值 13 世纪。中国天文学的发展，不仅在中国，而且在世界亦属领先地位。在前一段时期曾有些专家学者认为元太史院即为明清观象台的前身，后经反复实地考察，找出许多物证，可以肯定元太史院与明清观象台并非一处，但它们相去不远，在业务上还是有一定的承传关系的。

二、明清观象台

现今的建国门古观象台，始建于明正统年间。明初建都于南京，在南京鸡鸣山建立了司天台，洪武十七年（1384 年）把元代的天文仪器浑仪、简仪及宋代、金代残存的旧仪等从北京运到南京鸡鸣山观象台。明成祖永乐十九年（1421 年）迁都北京后，因忙于营造故宫等宫廷建筑，无暇顾及兴建天文台之事，直到明英宗正统二年（1437 年）才在北京齐化门城上筑台观测天象，定名为观星台。当时并无天文仪器，单凭肉眼观测，1438 年派钦天监官员去南京，仿照元代郭守敬所制浑仪、简仪等式样，从南京做成木模到京铸造仪器，安放于古台台顶用于观测。明正统七年（1442年）至明正统十一年（1446年），古观象台台体及台下紫微殿、东西厢房、暑影堂等附属建筑群相继建成，初具规模，清代仍保持其大体的格局，只是将观星台改称为观象台，至今在城墙上还刻有"观象台"3个大字。

明代观星台使用明制浑仪、简仪、天体仪，等等。清康熙八年至十二年（1669—1673年）比利时传教士南怀仁主持监制了天体仪、黄道经纬仪、赤道经纬仪、地平经仪、象限仪、纪限仪等6件大型铜制古仪器，这些仪器均采用欧洲度量制度和结构。康熙五十四年（1715年）耶稣会士纪理安又监制了地平经纬仪。乾隆九年（1744年），参照古制浑仪的样式，又造一玑衡抚辰仪。这些仪器制成后安放于古观象台台顶，明代浑仪、简仪等均被置于台下。特别值得提出的是，外国传教士在制造地平经纬仪时，竟将台下遗存的元、明古仪当作废铜，铸熔使用，幸亏有人发现，紧急奏请清廷下令禁止，方才保留下了明制浑仪、简仪和天体仪3件古物，这的确是令人气愤和遗憾的事情。我国具有悠久的文化传统和科学技术，这些仪器作为考古文物的作用是不容忽视的，西洋传教士为炫耀自己，诋毁我国文物的行径理所当然地应遭到谴责。

三、古台在西法制历中的作用

西洋传教士来华传教，从事天文历法工作，单从科技史本身来看，贡献是多方面的，明末在徐光启的主持召集下，先后聘请耶稣会士邓玉涵、罗雅谷、汤若望等参与编译西方天文学著作的工作，编译成137卷的巨著《崇祯历书》，取得了丰硕成果。清初由于保守势力抬头，以杨光先为代表的守旧派，主张"宁可使中夏无好历法，不可使中夏有西洋人"，采取盲目排外的策略，拒不接受西方的科学技术，不管它是先进与否。而以汤若望、南怀仁等为首的西洋派却主张采用西法，两派互相争执，不相上下，终于在康熙初年导致了流血教案的发生。其后形势又有所转机。主要是由于守旧派不懂历法，制历和预报日食常常出现错误。于是康熙皇帝在康熙七年（1668 年）命令内院大学士图海等 20 位阁臣，到古观象台测验 1669 年立春、雨水时刻以及月亮和火星、木星的位置，用实践来检验孰是孰非。结果西洋传教士南怀仁预推的位置与天象符合，而保守派的人推算错误。康熙皇帝本着实事求是的态度，任用南怀仁为"治理历法"，责成他推算 1670 年历书，这在当时是相当重要的工作，革去杨光先钦天监监正的职务，古观象台成为这场科学官司的历史见证，古观象台所设的天文仪器成为检验历法数据正确与否的有力工具。从这里我们可以切切实实地感受到明清观象台在历史上所起到的重要作用。

四、古观象台仪器的沿革及评价

古观象台清制八架古仪多为西洋传教士监制，除造型、花饰、工艺等方面具有中国传统特色外，在刻度、游表、结构等方面都直接反映了欧洲文艺复兴后至天文望远镜发明前的大型天文仪器的水平。而在欧洲由于二次世界大战战火的洗劫，望远镜发明以前的仪器基本不复存在了，因此这8 架铜仪不仅是研究中国科学技术史，也成为研究世界科学技术史的极为重要的物证，堪称弥足珍贵。

8 架古仪中的纪限仪和象限仪，其上的行云流水、龙柱造型不仅仅是为装饰的美观，更重要的是根据力学原理，起到了配重平衡的作用，制造者的独具匠心于此可见一斑。

八仪中的天体仪是中国浑象的代表，其上有 1876 颗星，被分为 282 个星官，用铜星的大小来区分星的亮度，用梅花星表示特殊天体。天体仪在古代又称为浑象，它的历史源远流长，最早可上溯到战国时代，由于比天体仪更早的传统浑象均已失传毁坏，天体仪就成为我国传统大型浑象中仅存的代表。虽然由于岁差、恒星自行和黄赤交角的改变等多种因素的影响，天体仪上的星象位置与实际位置已经不符，但作为历史星象的记录，它将长远地流传下去，对我国星象学的研究具有重要的意义。

此外，从这些体型巨大、造型美观、雕刻精湛的天文古仪本身也可以反映出当时冶金、铸造技术和工艺水平，是研究中国工艺发展史的宝贵实物。

北京古观象台从明正统初年（1436 年）起，到 1929 年止，在同一观测地点连续从事观测近 500 年，在世界现存的古天文台中，保持着连续观测最长的历史记录，为丰富和延续中国古代天象记录做出了贡献。它比著名的英国格林尼治天文台和法国天文台要早建造 300 多年，能够较为完整地反映我国古代天文的面貌，成为研究中国天文学史和世界天文学史的重要古迹之一。

五、北京古观象台展览

1. 时间历法

北京古观象台《中国古代天文学成就展》之《时间历法》部分主要介绍了我国时间历法的形成发展过程和主要研究成果。我国古代的历法较为特殊，大多为阴阳合历，从古六历到清时宪历，共 102 种。其中仅有 2 部纯阳历，前后经历了 5 次较为重大的历法改革。展览运用文字和图片说明手段介绍了我国不同朝代的历法概况。同时，展出了我国古代使用的一些时间量具，如日晷、圭表等。同时，亦有数架移自上海徐家汇天文台和南京紫金山天文台的近代天文摆钟原件。

2. 天象记事

北京古观象台《中国古代天文学成就展》之《天象记事》部分主要介绍了我国古代天文学的一些主要历史事件和观测成就。例如：公元前 5000 年的"仰韶文化"大汶口出土的彩陶天文图案、8 世纪的敦煌星图以及我国传统的三垣二十八宿天区划分等。同时，展览还介绍了我国古代的一些天文研究成果，如对太阳黑子、哈雷彗星以及超新星等的研究。展览运用丰富的展陈手段，并有相当数量的实例模型，立足于给观众以中国古代天文知识的全面了解。展览展出多年，深受国内外观众好评，同时亦常年作为青少年课外活动的教育基地。

3.灵台仪象

北京古观象台《中国古代天文学成就展》之《灵台仪象》部分主要对我国古代天文台的发展历史和主要研究用仪器作了较为概括的介绍。展览表现了从西汉天文遗址开始一直到北京古观象台的中国天文研究机构发展历程以及浑仪和简仪等我国古代著名的天文观测仪器。展览深入浅出，寓教于乐，运用了大量实例模型与照片，同时还展出了北京古观象台首创研制的铜制古代天文仪器比例模型。展览自展出以来深受参观者和天文爱好者的欢迎。

 知识链接

一、中国科学院国家天文台

国家天文台经国家有关部门批准于2001年4月宣布成立，系由中国科学院天文学科原四台三站一中心撒并整合而成。国家天文台由总部及4个下属单位组成。原北京天文台的各项事宜由国家天文台总部负责。下属单位分别是：中国科学院国家天文台云南天文台、中国科学院国家天文台南京天文光学技术研究所、中国科学院国家天文台乌鲁木齐天文站和中国科学院国家天文台长春人造卫星观测站。

国家天文台坚持面向国家战略需求和世界科学前沿，主要从事天文观测和理论以及天文高技术研究，并统筹我国天文学科发展布局、大中型观测设备运行和承担国家大科学工程建设项目，负责科研工作的宏观协调、优化资源和人才配置；重点研究领域有宇宙大尺度结构、星系形成和演化、天体高能和激发过程、恒星形成和演化、太阳磁活动和日地空间环境、天文地球动力学、太阳系天体和人造天体动力学、空间天文观测手段和空间探测、天文新技术和新方法等。国家天文台建有中国科学院光学天文、太阳活动和天文光学技术等重点实验室，并与 10 多所大学及研究机构合作，建立了多个联合研究中心或实验室。LAMOST 工程指挥部和中国科学院探月工程总体部等均依托于国家天文台总部。

二、中国科学院紫金山天文台

中国科学院紫金山天文台，是我国著名的天文台之一。始建于 1934 年，建成于 1934 年，位于南京市东南郊风景优美的紫金山上。紫金山天文台是我国建立的第一个现代天文学研究机构，其前身是成立于 1928 年 2 月的"国立中央研究院"天文研究所，1950 年 5 月天文研

紫金山天文台门楼

究所改称中国科学院紫金山天文台，至今已有 80 多年的历史。紫金山天文台的建成标志着我国现代天文学研究的开始。中国现代天文学的许多分支学科和天文台站大多从这里诞生、组建和拓展。由于其在中国天文事业建立与发展中做出的特殊贡献，被誉为"中国现代天文学的摇篮"。

紫金山天文台总部位于江苏省南京市北京西路 2 号，在全国有 7 个天文观测站：紫金山科研科普园区、青海观测站、盱眙天文观测站、赣榆太阳活动观测站、洪河天文观测站、姚安天文观测站和青岛观象台。其中青海观测站是我国最大的毫米波射电天文观测基地，盱眙观测站是我国唯一的天体力学实测基地。各野外台站拥有中大型望远镜 11 架。紫金山天文台以总部及观测站为依托，在南京紫金山天文台科研科普园区、盱眙铁山寺风景区、青岛观象台、青海省德令哈市（建设中）、云南省姚安县（筹建中）等地建设（或与地方政府联合建设）

5个天文科普园区，面向社会公众开展天文科普教育。

三、中国科学院上海天文台

中国科学院上海天文台成立于1962年，它的前身是法国天主教耶稣会1872年建立的徐家汇观象台和1900年建立的佘山观象台，现在是中国科学院下属的天文研究机构，目前总部设在上海市徐家汇，天文观测台站位于松江佘山。

上海天文台佘山观测台

中国科学院上海天文台以天文地球动力学、星系宇宙学为主要学科方向，同时积极发展现代天文观测技术和时频技术，努力为天文观测研究和国家战略需求提供科学和技术支持。有4个研究部门：天文地球动力学研究中心、星系宇宙学研究中心、VLBI研究室和天文技术研究室。拥有甚长基线干涉测量（VLBI）观测台站（25米口径射电望远镜）和VLBI数据处理中心、1.56米口径光学望远镜、60厘米口径卫星激光测距望远镜（SLR）、全球定位系统（GPS）等多项现代空间天文观测技术。

上海天文台是中国科学院射电天文重点实验室VLBI分部和中国科学院光学天文重点实验室佘山基地。上海天文台是首批进入中国科学院知识创新工程的单位之一，其科学目标是应用现代空间天文观测技术监测和综合研究地球整体运动和各圈层变化的相互作用、探索有关重要的自然灾害预测的天文学方法和手段；开展和深化星团、银河系结构及其演化的研究，活动星系核致密结构的观测研究，星系动力学数值模拟、星系形成、演化和宇宙学研究，以及VLBI技术研究、氢原子频标和时频技术研究、天文望远镜及光学技术研究等。

四、中国科学院云南天文台

1938年，原中央研究院天文研究所从南京迁到云南省昆明市东郊凤凰山（现云南天文台台址）。抗战胜利后，中央研究院天文研究所迁回南京，在凤凰山留下一个工作站，该站隶属关系几经变更，1972年经国家计委批准，正式成立中国科学院云南天文台。2001年，经中央机构编制委员会批准，将北京天文台、云南天文台等单位，整合为国家天文台。云南天文台保留原级别，并具有法人资格。

云南天文台

云南天文台是国家首批博士学位、硕士学位授予点，设博士后流动站。现设星系物理研究组、恒星演化研究组、恒星理论研究组、高能天体物理研究组、太阳光谱研究组、太阳射电研究组、应用天文研究组、光电实验室8个研究团组和丽江天文观测站、澄江太阳观测站。主要学科方向包括活动星系核、恒星演化、变星和双星、太阳活动区物理、南方天文选址、天体测量与精密定位、天文新技术研究等。

云南天文台现有主要设备包括20世纪80年代由德国引进的1米光学望远镜一台、1.2米国产地平式光学望远镜一台，2006年从英国引进的2.4米光学望远镜一台，用于承担探月工程地面数据接收任务的国产40米射电望远镜一台。

五、中国科学院国家授时中心（陕西天文台）

国家授时中心前身是陕西天文台，1966年经国家科委批准筹建，1970年经周恩来总理批准短波授时台试播，1981年经国务院批准正式发播标准时间和频率信号；20世纪70年代初，为适应我国战略武器发射、测控和空间技术发展的需要，经国务院和中央军委批准，在陕西天文台增建长波授时台（BPL），1986 年通过由国家科委组织的国家级技术鉴定后正式发播标准时间、标准频率信号。国家授时中心承担着我国的标准时间的产生、保持和发播任务，其授时系统是国家不可缺少的基础性工程和社会公益设施，并被列为由国家财政部专项经费支持的国家重大科学工程之一。

国家授时中心（陕西天文台）本部地处我国中部腹地——陕西临潼，这里承担着我国标准时间的产生、保持任务，并采用多种手段与国际时间保持同步，同时这里拥有一支时频领域的科研队伍。授时台位于陕西蒲城，主要有短波和长波专用无线电标准时间标准频率发播台（代号分别为 BPM 和 BPL）。

国家授时中心负责确定和保持的我国原子时系统 TA（CSAO）和协调世界时 UTC（CSAO）处于国际先进水平，并代表我国参加国际原子时合作。它是由一组高精度铯原子钟通过精密比对和计算实现，并通过 GPS 共视比对、卫星双向法（TWSTFT）比对等手段与国际原子时间标准相联系，对国际原子时的保持做出贡献。

第 六 章

各抒己见——中国古代的宇宙学说

从远古时代起，人们对天地的起源以及它的形状和结构就充满了好奇心，并由此而产生了有关天地的具有神奇色彩的神话传说。

古巴比伦人认为大地就像乌龟的背一样隆起，上面罩着半球形的固体天穹；古代印度人认为大地是靠着几头大象驮着，大象则站立在海中遨游的鲸鱼背上。在我国，盘古开天辟地的故事流传极广，几乎家喻户晓：相传在世界之初是没有天地之分的，到处一片混沌，犹如鸡子一样，一位叫盘古的巨人在其间生长起来，他手执板斧，向这个混沌的世界猛砍一通，天地就开始慢慢地分开了，轻清的部分飘浮向上，成为天，重浊的部分下沉，聚结为地。天地就在这英雄的板斧下形成了。盘古开天辟地之后，他生怕天地还会合拢，就站立在天地之间支撑着，直到最后精疲力尽而死。这则故事反映了古人对天地形成的想象。

战国时代诗人屈原对天地的形成和产生也发出了千古不解的《天问》：

曰：遂古之初，谁传道之？

上下未形，何由考之？

冥昭瞢闇，谁能极之？

冯翼惟像，何以识之？

明明闇闇，惟时何为？

阴阳三合，何本何化？

圜则九重，孰营度之？

惟兹何功，孰初作之？

意思为：

请问远古开始之时，谁将此态流传导引？

天地尚未成形之前，又从哪里得以产生？

明暗不分混沌一片，谁能探究根本原因？

迷迷蒙蒙这种现象，怎么识别将它认清？

白天光明夜晚黑暗，究竟它是为何而然？

阴阳参合而生宇宙，哪是本体哪是演变？

天的体制传为九重，有谁曾去环绕量度？

这是多么大的工程，是谁开始把它建筑？

这是屈原用提问的方式阐述了自己的观点，即宇宙最初是一片混沌，以后才分化为天和地。真正对天地形状有所认识的还要渊源于古人的直观感觉。

第一节　古老的盖天说

南北朝时期鲜卑族的一首民歌，表达了人们在草原上放牧，仰望苍穹，笼罩大地的感觉：敕勒川，阴山下，天似穹庐，笼盖四野，天苍苍，野茫茫，风吹草低见牛羊。

这首动人心弦的优美民歌，把人们带到了一个美好的意境，长期从事农牧业生产的人们，很容易从直观出发，把天穹想象为一个半球形的大罩子，像一把张开的大伞覆盖在地上；地是方形的，像一个棋盘，日月星辰则像爬虫一样在天空爬来爬去，这就是古代"盖天说"。

盖天说（即天圆地方说）最早见于汉代的《周髀算经》，其中载有"天圆如张盖，地方如棋局"的说法，也就是说它认为天是一个大罩子，罩在每边为81万里的正方形大地上，天顶的高度是8万里。大地静止不动，而日月星辰则在天弯上随天旋转。战国时代诗人宋玉歌唱道"方地为车，圆天为盖"，正是描画这幅宇宙图景的。方形的大地，据战国时代阴阳家邹衍的解释，上有9个"州"，我们中国是其中之一，叫"赤县神州"；每个州四周环绕着一个"稗海"，而九州之外，还有一个"大瀛海"包围着，一直与下垂的天的四周相连接。而弯庐般的天弯有一个"极"，天就如车辀辘一样绕着这个"极"旋转不息。这个"极"，实际上只是地球自转轴正对的一点，所以成为天体周日视运动的不动的"极"，犹如车轮转动时的轴一样。可是在天圆地方说里，这"极"就成为半球形天弯的顶点，有如瓜的蒂、锅盖的疙瘩。在我国黄河流域一带，北极约高出地面36度，因此，古人以为半球形的天盖子是倾斜36度盖着地面的。所谓"天如欹车盖，南高北下"就是这意思。可见提出这个假设的年代，人们对天体运行的观察已经积累了大量的经验，开始从原始的质朴的直观性出发，力图概括天体视运动的现象，提出一个宇宙模型。

对于人们描绘的这一宇宙图景，孔子的徒弟曾参曾提出质疑，他说："天圆而地方，则是四角之不揜（掩）也。"意思是说，天若是一个圆盖罩着大地，而地是方形的，圆盖与地的4个角怎么吻合呢？暴露出来的矛盾，迫使天圆地方说改为：天并不与地相接，而是像一把大伞高高地悬在大地的上空，用绳子缚住它。周围还有8根柱子支撑着。天地的样子就像一座顶部为圆拱的凉亭。共工怒触不周山和女娲炼石补天的神话也正是以此为依据的。对于这种天地结构图式，战国时代的诗人屈原在《天问》中又提出了疑问：

斡维焉系，天极焉加？

八柱何当，东南何亏？

九天之际，安放安属？

隅隈多有，谁知其数？

天何所沓？十二焉分？

日月安属？列星安陈？

也就是说：

这天盖的伞把子，到底插在什么地方？

绳子，究竟拴在何处，来扯着这个帐蓬？

八方有八根擎天柱，指的究竟是什么山？

东南方是海水所在。擎天柱岂不会完蛋？

九重天盖的边缘，是放在什么东西上面？

既有很多弯曲，谁个把它的度数晓得周全？

到底根据什么尺子，把天空分成十二等份？

天空和月亮何以不坠，星宿何以嵌得很稳？

如此看来，这种修改了的天圆地方说也不能自圆其说了，于是便产生了第二次盖天说。它和第一次盖天说——天圆地方说的区别在于，它不以地为平整的方形，而是一个拱形。《晋书·天文志》载说："天象盖笠，地法覆盘，天地各中高外下。北极之下，为天地之中，其地最高，而滂沲四陨，三光隐映，以为昼夜。"天穹犹如一个斗笠，大地像一个倒扣着的盘子。北穹是天的最高点，四面下垂。天穹上有日月星辰交替出没，在大地上产生昼夜。也给天和地规定了数值："凡日月运行，四极之道，极下者，其地高人所居六万里，滂沲四颓而下，天之中央，亦高四旁六万里。故日光外所照，经八十一万里，周二百四十三万里。"另外还有"天离地八万里"的说法，可见天穹的曲率和拱形大地的曲率是一样的。极地虽比人所居处高6万里，但因为天比地总是高8万里，所以人所居处的天顶比极地仍高2万里，也就是说天总是比地高。

拱形大地的设想，虽仍然不符合实际，却反映了科学的进步。由于实践的需要，交通工具的发展，使人的活动范围扩大了。但要使人们发现大地在大范围内不是平直的，而是微微隆起，单靠对地面的直观观测是得不到这种认识的，只有从天象观测中间接获得。例如，人们远距离地向北走，就会发现北极星越升越高；相反，如果向南走，北极星就会越降越低。假定北极星是无限远的，在平直的大地上看，应该处处一样高。假定北极星如古人所想象那样离地8万里，那么在平直的大地上的不同地点看北极星的高度变化值也非常小，而绝不会有这么显著的变化。因此，从北极星的高度变化可以发现平直的大地的内在矛盾。当然，这需要具备一定的三角学知识。如果大地是拱形，北极星在不同的地点有不同的高度，也就有了比较合理的解释。可见大地是拱形的设想，是在反复观测、反复计算以后才能作出的，这当中也许要经过许多代人的努力。

拱形的大地就不需要假定"天如欹车盖"了。原来，北极星不正好在我们头顶上，只因为我们是不正好站在地球北极上，而是在旁边较低的地方。无疑，由平直的大地到拱形的大地，是人类认识的一大进步。

盖天说力图说明太阳运行的轨道，持此论者设计了一个七衡六间图，图中有7个同心圆，就是太阳在天盖上的周日运动一年中有7条道路，称为"七衡"。最内一道叫作"内衡"，夏至日太阳就沿内衡走一圈；最外一圈叫"外衡"，是冬至日太阳的路径；其他节气里，太阳沿中间的五道运行。这就是盖天家的"七衡六间"。他们还主张，太阳只能照射16.7万里，超过这个距离就什么也看不见了。因此白天就是太阳走到距离我们16.7万里以内的范围，而晚上则在该范围之外。

但是，第二次盖天说仍然不能解释天体的运行。日月星辰东升西落，在升上来之前它们在何处待着？没入地平线后又到何处去了？所有宇宙体系都必须明确回答这些问题。第二次盖天说是这样回答的：日月星辰根本就不上升和下落，所谓日出、日落只是相对于我们所处的位置来说的。正如柳宗元在《天对》里写的："孰彼有出次？惟汝方之侧。"天体都绕着北极星转，离我们时远时近。近了，仿佛就在天上；远了，看不见，我们以为它们没入地下了。以太阳为例，盖天论者认为，太阳光虽强，但也只能照16万7千里。当太阳在天上绕北极转到超出这个距离的地方，我们看不见了，这就是黑夜；等到转回到这个距离以内，就是白昼；而转到我们的南中天时，就是中午了。

这个理论当然只是主观的臆测。尤其是太阳光所能照耀的距离，完全是人为规定的数值，是经不起推敲的。所以有人质问道：太阳如因距离太远看不见，应该是整个隐没，为什么我们在日出日落时能看到半个太阳？又为什么恒星距离我们比太阳还远，却又看得见？月亮的盈亏又是怎么一回事？

这些问题的提出迫使人们去探索比盖天说更加符合天象，更加接近客观实际的宇宙理论，于是浑天说就应运而生了。

第二节　天体浑圆的浑天说

浑天说作为一种宇宙体系正式形成始于汉代，它的代表人物是张衡。但浑天说的一些基本思想可以上溯到战国时代。公元前1世纪的慎到就曾提出"天体如弹丸，其势斜倚"的观点，一反盖天说认为"天"是半球形的说法，认为"天"是一个"整球形"，可见当时已有浑天说的萌芽了。

但详细记述浑天说的经典著作当属东汉时期张衡的《浑天仪注》，其

中国古代天文历法与二十四节气

中讲道:"浑天如鸡子。天体圆如弹丸,地如鸡子中黄,孤居于天内,天大而地小。天表里有水,天之包地,犹壳之裹黄。天地各乘气而立,载水而浮。周天三百六十五度又四分度之一,又中分之,则半一百八十二度八分度之五覆地上,半绕地下,故二十八宿半见半隐。其两端谓之南北极。北极乃天之中也,在正北,出地上三十六度。然则北极上规径七十二度,常见不隐。南极天地之中也,在正南,入地三十六度。南规七十二度常伏不见。两极相去一百八十二度强半。天转如车毂之运也,周旋无端,其形浑浑,故曰浑天。"它用鸡蛋来比喻天地之间的关系,天像弹丸那么圆,地像鸡蛋中的蛋黄。天大而地小,天包着地,就像鸡蛋壳包裹着蛋黄一样。天内充满了水,就靠气支撑着,地则浮在水面上。

浑天说利用天球的旋转来解释一年中昼夜长短的变化和日出日落方向的差别。

天球的大圆分为365.25度,其中一半在地面上,一半在其下。天球有两个极,北极出地上,南极没于地下。北极出地平高度为360。以北极为中心、直径为720范围内,所有恒星永不下落。这就成功地解释了北极附近一部分恒星常年可见,不断绕北极旋转的原因。同样的道理,以南极为中心、直径为720范围内的恒星永远转不到地面上来。

由于天球像车轮一样运转不止,使得天球上的二十八宿和其他恒星,总是一半可见,一半不可见,随着天球的转动,有些恒星从东方升起,有些恒星从西方落下。这是日常生活中我们看到日月恒星经天的真实写照。

赤道垂直于天极,太阳运行的轨道黄道与赤道相交,南北最远处距赤道240,夏至时太阳在赤道北240,这一天太阳从A点(东北)升起,于B点(西北)落下;所以白天长,黑夜短;冬至时太阳在赤道南240,所以这一天从C点(东南)升起,于D点(西南)落下,因此白天短,黑夜长,春秋分时,太阳位于赤道,从E点(正东)升起,于F点(正西)落下,春分秋分这两天白天和夜晚一样长。

/ 102

从上面的论述，我们可以看出浑天说的宇宙图式对于太阳位置的四季变化、太阳的东升西落、昼夜长短的变化等一系列天文现象，都提供了比较圆满的解释，轻而易举地解决了盖天说无法解释的一些问题。浑天说无论在观测太阳的周日视运动方面，还是在宇宙论方面都要优于盖天说，可以说它是盖天说的历史发展。但浑天说产生以后，并没有立刻取代盖天说，而是相互责难、争论不休，其中很重要的因素是思想意识问题，盖天说主张的天在上，地在下，天比地高的观点正好符合统治阶级的君在上、臣在下，君高臣低的成规，南北朝时期的梁武帝萧衍（446—549 年）和左右一批人都反对浑天说，其真正原因就在这里。

此外，浑天说本身也存在着认识上的欠缺。例如，浑天说指出："天地各乘气而立，载水而浮。"王充在他的《论衡·说日》中就提出，既然地是浮在水上，那么附着在天球内壁随天球绕地球旋转的日月星辰绕到地下去时，又怎样从水里通过呢？对此浑天说又改为地球浮在气中，这样就可以回旋浮动了，当然这也未免有牵强附会之嫌。

在目前科技史界对浑天说中大地形状的看法仍然颇有争议，有些人主张浑天说已经认识到大地是球形的。"地如鸡中黄"一语，已经道出了真谛，球形的天空和平直或拱形的大地是不相容的，大地为圆球是逻辑推理的结论；有些人则持反面的见解，认为张衡时代并没有大地为球形的认识，所谓"地如鸡中黄"只是一个形象的比喻而已，且从许多浑天家的著述来看，一直是以大地为平面这一基准进行计算的，因此浑天说认为大地是上平下圆的半球形，正好填满天球的下半部，半圆地面直径同天球的直径相等，打个通俗的比方，天好像整个西瓜，地好像上平下圆的半个瓜，如此形容又出现了新的矛盾：浑天说与盖天说都认为太阳和月亮的直径为 1000 里，那么太阳和月亮怎样从天地相合的地方升起落下，自由出入呢？

张衡针对这个问题对圆形的天球作了微小的改动。他在《灵宪》中写道："八极之维，经二亿三万二千三百里，南北则短减千里，东西则广增千里。自地至天，半于八极，则地之深亦如之。"即认为东西方向要长1000里，南北方向要短1000里，这大概是为了太阳、月亮出入的方便吧！但在进行理论计算时，他仍把天球作为一个圆球来看待。后人似乎没有理解张衡的良苦用心，把浑象真的做成扁圆形的鸡蛋状，运转起来晃晃悠悠，极不方便，后来只好又改了过来。浑天说尽管有些欠缺，但成绩是主要的，它作为一种宇宙学说，既有浑象演示日月星辰的周日视运动，又有浑仪实测天体的位置，所以这一宇宙学说随着历史的发展影响不断扩大，直到唐代僧人一行主持全国范围内的大地测量，以实测数据为依据，否定了"日影千里差一寸"的错误结论后，浑盖之争方有定论。自此以后，讨论盖天说的人逐渐减少了，浑天说成为我国占统治地位的宇宙学说。

第三节　主张宇宙无限的宣夜说

在我国古代还有一种与浑天说同时趋于成熟的比较先进的宇宙学说——宣夜说。

提起宣夜说，也许有些读者会问"宣夜"是什么意思？对此清末的天文学家邹伯奇作了一个解释。他说："宣劳午夜，斯为谈天家之宣夜乎？"意思是说，天文学家们观测日月星辰讨论问题，常常喧闹到半夜还不睡觉，宣夜之说由此得名，这也从一个侧面反映了宣夜说的实践精神，它是从观测日月星辰的实践中得出的宇宙学说。

宣夜说起源很早，但具体年代难于定论。由于这种学说既没有一种宇宙模式，也没有以自己的理论为依据而制造的观天仪器，所以它没能像浑、盖二说那样形成一个强大的体系流传下来。正如东汉蔡邕在《晋书·天文志》所说："宣夜之说，绝无师法。"现存的宣夜说是由东汉前期的天文学家郄萌进行的总结。宣夜说认为："天了无质，仰而瞻之，高远无极，眼瞀精绝，故苍苍然也。譬之旁望远道之黄山而皆青，俯察千仞之深谷而窈黑，夫青非真色，而黑非有体也。日月众星，自然浮生虚空之中，其行其止皆须气焉。是以七曜或逝或住，或顺或逆，伏见无常，进退不同，由乎无所根系，故各异也。故辰极常居其所，而北斗不与众星西没也。摄提、填星皆东行，日行一度，月行十三度，迟疾任情，其无所系著可知矣。若缀附天体，不得尔也。"这段话囊括了宣夜说的基本内容，是精华部分。它认为天是无形无体、无色、无边无际的广袤空间，既不像盖子，也不像固体的硬壳。我们人的眼睛所看到的蔚蓝色的天空，仅仅是一种视觉上的错觉，那是因为"天"太高远无极了，与我们眺远山而色青，望深谷而色黑的道理一样。日月星辰在广阔无垠的空间中的分布和运动是顺其自然的。它们并不附着在任何有形质的东西上面，而是依各自的特性，在气的作用下，于空中悬浮和运动。太阳每天东行 1 度，月亮每天东行 13 度，速度各不相同。如果它们都缀附在天球上，与天球一起转动是不可能的。这是多么透彻、深刻地体现了宇宙无限的思想！它在人们面前展示了一幅日月众星在无边天涯、无穷无尽的宇宙空间运动的壮阔图景。

否定了一个固体的"天球"，这在人类认识宇宙的历史上是一个划时代的思想。一切以地球为中心的宇宙体系，例如亚里士多德—托勒密体系，是以一个缀附着恒星的天球作为宇宙的界限。16 世纪，哥白尼的宇宙学说的革命，取消了地球在宇宙中心的位置，却仍然保留这个不动的恒星天，作为宇宙的范围。因此，这个有形质的、有大小的"天"，不但束缚了宇宙，也束缚了人们的认识。

宣夜说提供了一个十分可信的、唯物主义的无限宇宙概念。持浑天说的张衡，固然也说过："宇之表无极，宙之端无穷。"可是张衡没有提出任何论证。而浑天说相信有一个缀附着星辰的天球，又造成了这个体系的内在矛盾。只有宣夜说十分自然地解决了这个矛盾："日月众星，自然浮生虚空之中，其行其止，皆须气焉。"原来所有天体都是在无所不包的气体中飘浮运动，日、月和五大行星，其所以各有不同的运动规律，都可以归结为它们各有不同的运动特性。因此，天体的运动，需要具体地、个别地进行研究，不能笼统地认为就像车轮或磨盘一样周天旋转。

宣夜说的进一步发展，就牵涉到天体的物理性质问题。有一则小故事说，有人听说日月星辰是在天空飘浮的，就害怕它们掉下来。唐代大诗人李白的诗句"杞国无事忧天倾"正是指的这件事。据东晋时张湛的描述：杞国有人忧天地崩坠，身亡所寄，废寝食者。又有忧彼之所忧者，因往晓之，曰："天，积气耳，无处无气。若屈伸呼吸，终日在天中行止，奈何忧崩坠乎？"其人曰："天果积气，日、月、星宿，不当坠邪？"晓之者曰："日、月、星宿，亦积气中之有光耀者，只使坠，亦不能有所中伤。"其人曰："奈地坏何？"晓之者曰："地，积块耳，充塞四虚，无处无块。若躇步跐蹈？终日在地上行止，奈何忧其坏？"其人舍然大喜，晓之者亦舍然大喜。

这则小故事所表述的观点比郗萌又进了一步：不但天空充满气体，日月星辰也是气体，只不过是发光的气体。这和现代科学所掌握的知识惊人地一致！这也是元气学说的进一步发展。杨泉就说过："气发而升，精华上浮，宛转随流，名之曰天河，一曰云汉，众星出焉。"银河就是气体的流淌，并从中产生恒星。这里甚至接触到天体的起源问题了。

这则小故事还指出：大地是固体的硬块，若仅仅在其上行走，是不会踩坏的。但是张湛又进一步提出了一个很重要的观点：归根结底，地球会坏，天体也会坏，但是用不着担忧。"忧其坏者，诚为大远；言其不坏者，亦为未是。"他既批判了杞人的忧天，又唯物地肯定了天体和大地的物质性，它们也都遵从物质世界的客观规律——既有生成之日，也有毁坏之时。这是一种朴素辩证法的观点。

就宇宙理论来说，宣夜说达到了很高的水平。它提出了一个朴素的无限宇宙的概念。在纷纷争论天的高低大小的时代，它的出现反映了唯物主义哲学对宇宙理论的重大影响。但是，从观测天文学的角度看，宣夜说却不如浑天说的价值大。浑天说能够十分近似地说明太阳和月亮的运行，宣夜说却只说它们"或逝或住，或顺或逆，伏见无常，进退不同"，而没有探讨其运行的规律性。修订历法的时候，浑天说有很重要的实用意义，而宣夜说却仅仅具有理论意义，这是宣夜说在历史上不如浑天说影响大的主要原因。

第七章

光辉篇章——中国古代历法的演变

　　中国是世界上天文学发展最早的国家之一。由于生产和生活的需要，人们从远古时期开始就已经对天文现象进行观察，经过世代连续不断的努力，积累了越来越多的天文学知识，并逐渐形成了内容丰富且具有独特风格的天文学体系。中国古代天文学在许多领域曾长期在世界上处于领先地位，在世界天文学史和中华民族文化史上都写下了光辉的篇章。中国古代天文学的最主要组成部分是历法，换句话说，历法是中国古代天文学的核心。中国古代历法不单纯是关于历日制度的安排，它还包括对太阳、月亮和土、木、火、金、水五大行星的运动及位置的计算，恒星位置的测算，每日午中日影长度和昼夜时间长短的推算，日月交食的预报等广泛的课题。从某种意义上讲，中国古代历法的纂相当于近现代纂天文年历的工作。为此，我国古代天文学家展开了一系列的观测与研究活动，譬如对历法诸课题的共同起算点——历元的选定，对一个又一个天文学概念的阐述，对种种天文常数的测算、各种天文数表的编制，对具体推算方法、天体测量方法和数学方法的抉择和改进等。这些就构成了中国古代历法的基本框架和主要内容。

历法的发展大致经历了 3 个主要阶段，在古人类初步掌握天象规律之前，他们显然是通过观察物候的变化来决定时间和季节的，因为候鸟的迁徙、草木的枯荣等现象都明显地表现出某种周期。比物候历进步的历法是观象授时，古人根据某些星象的出没和在天空中的位置来断定时间，这种做法使他们对于天象规律的了解日益精深，从而为历法最终进入推步时代奠定了基础。中国的传统历法是一种兼顾朔望月与太阳年的阴阳合历，这种历法以日、朔、气为基本要素。根据气、朔的变化，中国古历可以划分为 3 个时期：商代到唐初是使用平气、平朔的时期，唐初到明末是使用平气、定朔的时期，清代以后才进入使用定气、定朔的时期。很明显，中国古代历法经历了发生、发展、完善、没落，最终融入近现代历法的漫长演变过程。下面我们分六节简要地加以介绍。

我国的历法在几千年的过程中，不断改进、充实、完善，逐渐演变为现在所用的农历。农历实质上就是一种阴阳历，以月亮运动周期为主，同时兼顾地球绕太阳运动的周期。

第一节　起源——从观象授时到《夏小正》

我们的祖先生息在中国辽阔的土地上，人们在生产和生活实践中，逐渐发现日月星辰的升落隐现，自然界的寒来暑往，猎物的出没和植物的荣谢等自然现象，对于人类的生存有着密切的关系。所以有意识地观察和认识这些自然现象，以期顺乎自然，求得自身的发展，便成为先民们感兴趣的问题之一，从中也就逐渐萌发出历法知识的嫩芽。

　　太阳对人们无疑是至关重要的。古人日出而作、日入而息，就是以太阳的出入作为作息时间的客观依据。太阳出入造成的明暗交替出现的规律，必定给先民们以极深的感受，于是以太阳出入为周期的"日"，应是他们最早认识到的时间单位。

　　自然，月亮的圆缺变化，是又一明显的和意义重大的天象。说它意义重大，是因为月亮的亮光对于人们夜间活动的安排是关键的要素。经过长期的观测和计数，人们逐渐发现月亮圆缺的周期约为30日，这便进而导致一个较长的时间单位"月"的产生。

　　对于更长一些的时间单位"年"的认识，要较"日""月"困难得多，但这是对于人们生产和生活的意义更为重大的一种周期，因为寒暑、雨旱，以及渔猎、采集以至农业生产活动无一不与它有关。所以，人们对它进行了长期不懈的探索。由物候——草木枯荣，动物迁徙、出没等的观察入手，大约是探索一年长度的最早方法，随后才是对某些星象的观测。后者所得结果要较前者来得准确。

　　据传说，在颛顼帝时代，已设立"火正"专司对大火星（心宿二，天蝎座 α 星）进行观测，以黄昏时分大火星正好从东方地平线上升起时，作为一年的开始，亦即这一年春天的来临。由此不难推得一年的长度。这是我国古代观象授时的早期形态。据研究，这大约是公元前2400年的事。

　　又据《尚书·尧典》记载，在传说中的尧帝时，"乃命羲和，钦若昊天，历象日月星辰，敬授人时"。其具体的观测方法与结果是："日中星鸟，以殷仲春""日永星火，以正仲夏""宵中星虚，以殷仲秋""日短星昴，以正仲冬"，即以观测鸟、火、虚、昴 4 颗恒星在黄昏时正处于南中天的日子，来定出春分、夏至、秋分和冬至，以作为划分一年四季的标准。据推算，这大约是公元前2000年时的实际天象。

　　由上述记载，我们还可以推知，当时已有原始圭表的出现，否则人们就无从确定某星辰南中天的问题。这时的圭表还仅用于厘定方位，尚未用于测定日影的长度。观测星辰南中天来确定季节，可以减少地平线上的折射和光渗等的影响，其精度自然要比观测星辰出没来得高。此外，从"日中"和"宵中"（指昼夜平分）、"日永"和"日短"（分别指白昼最长和最短的日子）等说法，可知其时已应用了某种测量时间的器具（这一点由下述《夏小正》的有关记载亦可证）。这些都说明，此时已进入观象授时相当发达的时代。其标志是：所观测的恒星已由一颗增加到多颗，由观测恒星东升改为南中天，并已使用了某些器具。

更值得注意的是，《尚书·尧典》还记述了这时人们已经采用了"期三百有六旬有六日，以闰月定四时成岁"的初始历法。这里以一年为366日，当是人们对恒星周年运动周期的测算得到的结果。由于一年的长度与月的长度不存在整数倍的关系，该初始历法已采用了置闰月的方法予以调整，这显然是一种阴阳历，是我国古代长期使用的阴阳历的最早记载。

在《夏小正》一书中，则载有一年中各月份的物候、天象、气象和农事等内容，它集物候历、观象授时法和初始历法于一身，相传它是夏代行用的历日制度。就观象授时法而言，它是以观测黄昏时分若干恒星（鞠、参、昴、南门、大火、织女、银河等）的见、伏或南中天的时日，以及北斗斗柄的指向，作为一年中某一个月份起始的标准的。有人认为，《夏小正》乃是一种分一年为10个月，每月36日，另有5至6日为过年日的初始历法。据《夏小正》记载，正月"初昏斗柄悬在下"，六月"初昏斗柄悬在上"，其间的5个月为半年；五月"时有养日"，十月"时有养夜"，亦以5个月为半年。也有人认为，《夏小正》还是分一年为12个月的太阳历。由此看来，《夏小正》乃是一种不考虑月相变化的纯阳历的见解，这是可信的。

《尚书·尧典》和《夏小正》的记载，都反映了观象授时法的重要成果，同时又反映了夏代出现的两种不同系统的历法（阴阳历和阳历）的雏形。它们是由观象授时向有一定规范的初始历法过渡的两种不同形态，都具有十分重要的意义。

第二节　发展——商周历法

由甲骨文的有关卜辞，我们可以知道商代行用的历法乃是阴阳历。

首先，年有平年、闰年之分，平年 12 个月，闰年 13 个月，闰月置于年终，称 13 月，是为年终置闰法。这时的岁首已基本固定，季节和月名有了基本固定的关系。但在甲骨卜辞中还偶有 14 月甚至 15 月的记载，这说明这时人们还不能较好地把握年月之间的长度关系，对于闰月设置的多少还没有一定之规，多半是由经常性的观测来决定，当发现季节与月份名相悖时，便加进一个闰月加以调节，带有较大的随意性。这种状况一直延续到西周。

在甲骨文中有"至日""南日"或"日南"的记载，它们指的都是冬至日（春秋时期人们还称冬至为"日南至"）。其中有一块卜辞说："壬午卜，扶，奏丘，日南，雨？"（壬午这一天，贞人扶占卜，举行奏丘的祭仪，迎接太阳南至，会下雨吗？）在《周礼·春官·大司乐》中则记载"冬至日，于地上之圜丘奏之"，以迎祭天神。二者说的是同一祭祀活动，可证"日南"即为"冬至"。这说明殷商时期已使用圭表观测日影长度的变化，并由之确定冬至日，已知冬至日，一回归年长度的数值便不难算得。

其次，殷商历法是以新月为一月的开始，月有大月和小月，大月 30 日，小月 29 日。起初仅以大、小月相间安排历日，这表明人们以为一朔望月长度等于 29.5 日。后来，更有连大月的出现，即在若干个大、小月相间的月份后，安排 2 个连续的大月，这证明人们已经知道，一朔望月的长度应略大于 29.5 日，这是对朔望月长度测算的一次重大进步，虽然此时对连大月的安置尚无一定的规则。

再次，殷商时期已明确使用干支纪日法，建立起了逐日无间断的日期记录，从而提供了较准确地探求月、年等更长的时间单位的重要基础，同时也为历史年代学提供了重要的依据。干支纪日法顺序循环，几乎没有中断地连续使用到今天，成为世界上最长的纪日方法。

最后，商代已将一天分为若干不同的时段，甲骨文中可见的时段专名有明（旦）、大采、大食、中日、小食、小采、昏（暮）等，这是一种把白昼均分为 6 个时段的方法。有人认为，把一天分为百刻的制度，亦自此始。

这些便是商代历法对于年、月、日、时刻安排的大体情况，西周历法与之大同小异。在金文中，亦有不少 13 月的记载，并以“朏”（新月）为一月的开始，均为明证。但《诗经·小雅·十月之交》有“十月之交，朔月辛卯，日有食之”的记载，据研究，这当指公元前 735 年 11 月 30 日发生的一次食分很大的日偏食，这是我国典籍中关于朔日的最早记述。由此看来，大约在西周后期已有以朔代替朏为月首的尝试。由于朔并无具体的天象与之对应，它必须在测知比较准确的朔望月长度后，以推算的方法求得，所以朔的概念的建立和应用，乃是历法史上的一大进步。

第三节　稳定——春秋战国时期的历法

春秋战国时期是我国古代从奴隶制向封建制过渡的社会大变革的时代，这时生产力得到很大的发展，促使包括科学技术在内的古代文化得到长足的进步。就天文历法而言，前进的步伐亦明晰可见，这主要表现在对天文现象的观测与描述由定性向定量的转变，阴阳历的定型，和关于宇宙的理论的涌现等，这些都为我国古代特有的天文历法体系奠定了基础。随着周室衰微和诸侯蜂起，打破了由周王朝少数天文学家垄断天文历法的局面。各诸侯国由于发展农业生产以及政治上的需要，都极其重视天文历法的研究，这给流散四方的畴人子弟以施展才能的良好机会。这一时期出现了一批著名的天文学家，"鲁有梓慎（活动于公元前550年左右），晋有卜偃（活动于公元前650年左右），郑有裨灶（活动于公元前500年左右），宋有子韦（活动于公元前480年左右），齐有甘德，楚有唐昧，赵有尹皋，魏有石申夫（亦名石申，后4人皆活动于公元前4世纪），皆掌著天文，各论图验"。他们或者前后相继，或者同时并立，在天文历法界内形成了各树一帜、百家争鸣的局面，更促进了天文历法的发展。

一、二十四节气的完备

二十四节气是我国古代天文学家的一大创造。它曾经历了十分漫长的发展过程，起初大约仅有二至（冬至、夏至）和二分（春分、秋分），一直到战国时期才逐渐形成完备的二十四节气系统：由冬至起算，每经一年的1/24日交一个节气，其名称分别为冬至、小寒、大寒、立春、雨水、惊蛰、春分、清明、谷雨、立夏、小满、芒种、夏至、小暑、大暑、立秋、处暑、白露、秋分、寒露、霜降、立冬、小雪、大雪。此中奇数统称为中气，偶数统称为节气。二十四节气分别标志着太阳在一周年运动中的24个大体固定的位置，是对太阳周年运动位置的一种特殊的描述形式，它们又能较好地反映一年中寒暑、雨旱、日照长短等变化的规律。所以，它们不但具有重要的天文意义，而且对于农业生产有着重大的指导作用。二十四节气自战国时期得以完备之后，一直成为我国传统历法的重要内容之一，至今在广大农村仍有旺盛的生命力。

二、古四分历法

东汉时期的四分历，以十九年为一章，一回归年为365日，称为四分，故通称古四分历。该历的朔望月长度可由回归年长度和闰周推得：19年7闰，即19年有19×12＋7=235个朔望月。取得如此明确的回归年和朔望月的长度值，在调整两者之间的关系时，也未曾寻得如此规整的闰周，于是在日历的安排中，往往出现多闰或失闰的现象。所以，古四分历的出现，标志着阴阳历完成了从不稳定的、带有某种随意性的形态向明确的、规整的形态过渡。

在欧洲，古希腊人默冬在公元前 432 年所发现的闰周，古罗马人于公元前 43 年采用的儒略历所取的回归年长度，分别与古四分历相同，所以，古四分历的这 3 个基本数据在当时世界上是居于领先地位的。

春秋战国时期，各诸侯国分别使用黄帝、颛顼、夏、殷、周、鲁 6 种历法，合称古六历。其实，它们都是四分历，即都采用上述 3 个基本天文数据，只是所规定的历法起算年份（历元）、每年开始的月份（岁首）和每日起始的时刻有所不同而已，历元不同是由于各家观测年代的先后与观测精度的差异造成的，而后二者则纯属人为的不同规定。

到战国时期，古四分历的内容日趋丰富。如它们都以为冬至时太阳位于牵牛初度，这说明对于太阳所处恒星间位置的推算，已是这时历法的重要内容之一，那么二十八宿的测定结果亦已引入历法中，也当无疑问。此外，二十四节气以及五星位置的推算也已是历法的组成部分。

第四节　奠基——秦汉魏晋时期的历法

这是我国古代天文学发展的极重要时期。在先秦已经奠基的天文历法系统的基础上，这时在历法编制取得了长足的进步，形成了一个独特的和成熟的天文历法体系。

一、太初历（三统历）的编制

秦代行用古六历之一的颛顼历，到西汉初年仍沿用不改。由于颛顼历行用已久，据该历法推算的朔望日期与实际产生较大偏差，时有朔晦时见有新月的现象发生，所以要求改革历法的呼声渐高。汉武帝元封七年（公元前 104 年）遂诏令改定新历。从制造仪器，进行实测、计算，到审核比较，最后从 18 家历法中选出邓平等人的八十一分律历为新定历法，即为太初历。太初历经西汉末年天文学家刘歆改造，遂成三统历（公元前 7 年），是我国现存第一部完整的历法，对后世历法影响深远，其主要进展有：

其一，以实测历元为历算的起始点，定元封七年十一月甲子朔旦冬至夜半为历元，其实测精度比较高，如冬至时刻与理论值之差仅 0.24 日，而春秋战国时期冬至时刻测定的误差在 2~3 日。

其二，太初历仍然以 19 年 7 闰为闰周，而对于 19 年中 7 个闰月的具体设置，首先发明了以不包含中气的月份定为闰月的方法。该法不但较好地调节了回归年和朔望月之间的关系，而且可以把冬至、大寒、雨水等 12 个节气与十一月、十二月、正月等月序一一对应起来，形成固定不变的关系，从而方便了生产季节的推算和应用。

其三，交食周期是指原先相继出现的日月交食又一次相继出现的时间间隔。食年是指太阳相继两次通过同一个黄白交点（指太阳视运动轨道与月亮运行轨道交点）的时间间隔。太初历首次引进这两个天文学概念，并定出明确的数据，它们是预报交食的最基本概念和数据，虽然其数值的误差还较大。

其四，太初历定出了新的五星会合周期，其精度都比战国时期有巨大的进步。此外，太初历还正确地建立了五星会合周期和五星恒星周期之间的数量关系。太初历定出的五星在一个会合周期内的动态表，是我国古代保存最早、最完整的动态表，它远比战国时期的相应动态表完备和准确。更重要的是，在五星会合周期的测定和五星动态表编制的基础上，太初历第一次明确规定了预推五星位置的方法：已知自历元到所求时日的时距，减去五星会合周期的若干整数倍，得一余数。以此余数为引数，由动态表用一次内插法求得这时五星与太阳的赤道度距，即可知五星的位置。这一方法的出现，标志着人们对五星运动研究的重大飞跃。这一方法继续应用到隋代都没有什么大的变动。

太初历所采用的回归年和朔望月长度的精度反不如古四分历，这是该历的一个重大缺陷。

二、张衡的天文工作成就

张衡（78—139年），字平子，河南南阳人，是东汉时期杰出的科学家。他在天文学、数学、地震学、地图学以及文学、绘画等领域均成绩卓著。他曾先后两次任太史令，时达14年之久，所以在天文学上的贡献也最大。

他也十分积极地参与当时关于历法问题的论争与研究。他极力主张用月行九道法（由月亮运动不均匀性的认识推导出来的月亮实际行度的计算法）来改进东汉四分历，来更准确地推算朔日的时刻。这一主张虽未被采纳，但这是试图用定朔法替代平朔法的一次早期努力。此外，张衡还创立了黄道宿度和赤道宿度两种不同坐标值之间相互换算的计算方法，初步解决了历法计算中一个相当重要的课题。这一方法后来被刘洪纳入乾象历中。

三、刘洪及其乾象历

刘洪（约129—约210年），字元卓，泰山蒙阴（今山东蒙阴县）人，是东汉后期著名的天文学家。

东汉伊始，天文学界一直十分活跃，关于天文历法的论争接连不断，在月亮运动、交食周期、冬至太阳所在宿度、历元等一系列问题上展开了广泛的探索，孕育着一场新的突破。在这种历史背景下，刘洪经过20多年的潜心观测研究，终于在206年最后完成了他的乾象历，它的出现可视作这场长期论争的良好总结，是实现了新突破的标志。归纳起来，刘洪及其乾象历在如下9个方面取得了重大的进展。

第一，刘洪发现以往各历法的回归年长度值均偏大，在乾象历中，他定出了365.2468日的新值，较为准确，从而结束了回归年长度测定精度长期徘徊以致倒退的局面，并开拓了后世该值研究的正确方向。

　　第二，他肯定了前人关于月亮运动不均匀性的认识，在重新测算的基础上，最早明确定出了月亮两次通过近地点的时距（近点月长度）为27.5534日的数值，并首创了对月亮运动不均匀进行改正计算的数值表（月离表），即月亮过近地点以后每隔一日月亮的实际行度与平均行度之差的数值表，为计算月亮的真实运行度数提供了切实可行的方法，也为我国古代该论题的传统计算法奠定了基石。

　　第三，他指出月亮是沿自己特有的轨道（白道）运动的，白道与黄道之间的夹角约为 $1°$ ，这同现今得到的测量结果已比较接近。他还定出了一个白道离黄道内外度的数值表，据此，可以计算任一时刻月亮距黄道南北的度数。

　　第四，他阐明了黄道与白道的交点在恒星背景中自东向西退行的新天文概念，并且定出了黄白交点每日退行的具体度值。

　　第五，他提出了新的交食周期值，据此可得一食年长度为346.6151日。该值比他的前人和同时代人所得值都要准确，其精度在当时世界上也是首屈一指的。

　　第六，他提出了食限的概念，指出在合朔或望时，只有当太阳与黄白交点的度距小于 $14°33'$ 时，才可能发生日食或月食现象，这 $14°33'$ 就称为食限，就是判断交食是否发生的明确而具体的数值界限。

　　第七，他创立了具体计算任一时刻月亮距黄白交点的度距和太阳所在位置的方法。这实际上已经解决了交食食分大小及交食亏起方位等的计算问题，可是乾象历对此并未加阐述。这类计算问题的明确记载则首见于杨伟的景初历（237年）中。

　　第八，他发明有"消息术"，这是在计算交食发生时刻时，除考虑月亮运动不均匀性的影响外，还虑及交食发生在一年中的不同月份，必须加上不同的改正值的一种特殊方法，实际上已经考虑到太阳运动不均匀性对交食影响的问题。

　　第九，刘洪还和蔡邕一起，共同完成了二十四节气太阳所在位置、黄道去极度、日影长度、昼夜时间长度以及昏旦中星的天文数据表的测算编纂工作，该表载于东汉四分历中，后来它成为我国古代历法的传统内容之一。

总而言之，刘洪提出了一系列天文新数据、新表格、新概念和新计算方法，把我国古代对太阳、月亮运动以及交食等的研究推向了一个崭新的阶段。他的乾象历是我国古代历法体系趋于成熟的一个里程碑。

四、岁差的发现和闰周的改革

所谓岁差，是指春分点（或冬至点）在恒星间的位置逐年西移的天文现象。在公元前二世纪，希腊天文学家依巴谷已经发现春分点每百年沿黄道西退 1° 的现象，我国古代最早发现类似现象的是东晋天文学家虞喜，他在 330 年左右，对岁差现象作了与古希腊人在形式上迥异而实质相同的表述。

在虞喜之前，我国古代天文学家已经发现了冬至时太阳所在恒星间的位置发生变动的情况，但这未导致对岁差规律的探讨和总结。一直到虞喜才充分注意到实际上已为天文学界熟知的这一现象的重要天文学意义，并着手对岁差现象作数量化的论述。他由"日短星昴，以正仲冬"句推知，昴星于尧帝时在冬至日黄昏时中天。再由实测，他得知，当时冬至日黄昏时昴星与子午方位的偏离度值。又考知自尧帝到其时的年距。最后，虞喜算得每经 50 年冬至点沿赤道向西移动一度的数值，这就是我国古代经由特殊的途径独立地得到的第一个岁差值，虽然发现年代远迟于古希腊，但该值的精度已略优于依巴谷值，为岁差值的进一步探索开拓了新路。在此基础上，虞喜"使天为天，岁为岁"，即把恒星年（太阳两次通过同一恒星的时间间隔）与回归年（太阳两次通过冬至点的时间间隔）两者区别开来，并为历法有关问题计算精度的提高准备了条件。

后秦天文学家姜岌约于 380 年发明了月食冲法，其方法是在月食时测量月亮所在宿度，这时太阳正与月亮相差半周天度，于是能较准确地推知冬至时太阳所在宿度。这为后世岁差佳值的频频出现提供了切实有效的基本方法。

第五节 完善——南北朝、隋唐、五代时期的历法

这一时期天文学发展的主要特征是，一系列天文学数据趋于精确，一批新的天文现象的发现，历法中的数学计算方法向着严密化和公式化方向演进，这些使我国古代天文历法体系从内容和形式，都达到了较完善的境界。

一、祖冲之及其大明历

祖冲之（429—500 年），字文远，祖籍范阳（今河北省涞水县），是南北朝时期杰出的科学家。他对圆周率的研究令他名闻遐迩，其实他对科学技术的贡献远非于此，在天文历法上，亦堪称一大家。463 年他撰成大明历，内中多有创新，是我国古代最著名的历法之一。

把岁差现象首次引入历法，是祖冲之的一大贡献。由于我国古代历法在计算日月五星的位置时，是以冬至太阳所在恒星间的位置作为基准点的，所以岁差概念和数值的引进，就使这一基准点的位置得到较好的校正，从而使日月五星位置推算的准确度得到根本的保证。

大明历取回归年长度为 365.2428 日，误差仅 46 秒，这是我国古代所用的最佳值之一。该值的取得，与祖冲之巧妙、正确地应用刘洪等人在 173 年的日影测量结果有关，还与祖冲之发明的冬至时刻测算法密切相关。该测算法是在测量冬至前后数日午中的日影长度的基础上，并在假定这前后数日影长的变化是均匀的前提下，用线性比例的方法求取冬至的具体时刻，此后成为我国古代冬至时刻的经典测算法。

在回归年和朔望月长度精确测算的基础上，祖冲之还很好地选定了十分准确的新闰周：391 年 144 闰，这是我国古代得到的最佳闰周。

在大明历中，祖冲之还第一次明确地指出了交点月（月亮相继两次通过同一个黄白交点的时间间隔）的长度值：27.2122 日，误差仅 1 秒左右，已达到了相当高的精度水平。

对于五星会合周期，祖冲之也进行了重新测量，得木星 398.903 日（误差 0.019 日），火星 780.031 日（误差 0.094 日），土星 378.070 日（误差 0.022 日），金星 583.931 日（误差 0.009 日），水星 115.880 日（误差 0.002 日），从总体上来看，其精度达到了前所未有的高度。

为争取大明历得以颁行，祖冲之曾与守旧派戴法兴辩论，写下了驳议之文，是为科学思想史上的名篇。他坚持改革，反对"信古而疑今"的思想，他"愿闻显据，以核理实"的实事求是态度，他"考影弥年，穷察毫微"的实践精神，至今仍闪烁着熠熠光芒，照耀着人们在崎岖的科学道路上攀登。

二、刘焯的皇极历及其他

刘焯是隋代杰出的天文学家，他于 604 年撰成皇极历，后世历家咸称其妙。在皇极历中，载有二十四节气太阳视运动不均匀性改正数值表（日躔表），这是流传至今的第一份完整的日躔表，其前身即张子信的"入气差"。在应用日躔表进行任一时刻的改正值的计算时，刘焯首创了等间距二次差内插法。这一数学方法的物理意义，是把某一时段内太阳视运动的速率看成是匀加速或匀减速的。这一方法较好地解决了太阳视运动不均匀性的计算问题。在这一基础上，刘焯成功地解决了同时考虑日、月运动不均匀性影响的定朔计算方法，使真正朔日时刻的计算精度得以提高。

在皇极历中，还载有五星入气加减的数值表，其缘由亦当来自张子信。重要的是，刘焯首创了推算五星晨见东方时刻的三段计算法：平见—常见—定见法。即先把太阳和五星的运动视作匀速的，由此可算得平见时刻（$T0$）；次由五星入气加减表求得五星运动不均匀性改正值（Δt），则常见时刻 $=T0+\Delta t$；再由日躔表算出太阳运动不均匀性改正值（ΔT），于是定见时刻 $=T0+\Delta t+\Delta T$。

关于日月交食的研究，在皇极历中载有"推应食不食术"和"推不应食而食术"，这是对张子信第三大发现的具体补充和发展。此外，刘焯还首次提出了食差对日食食分大小的影响的具体算法，以及交食起讫时刻的计算方法，并对于交食的亏起方位作了前所未有的详细讨论。

刘焯还是黄道和白道宿度变换的首创者。他曾测得75年差一度的新岁差值，这是一个相当准确的数值。他对南北相距千里、日影长度相差一寸的旧说，持反对的态度，并提出由实测加以验证的具体建议。可惜这一建议连同他的皇极历均未被采纳，但他的科学业绩却是不可泯灭的。

和刘焯同时的另一位天文学家张胄玄，也汲取了张子信的工作成果，约于610年编成大业历。虽然大业历对于类似问题的处置不如皇极历周全，却也别树一帜，尤其在五星运动的研究上最为突出。张胄玄测得五星会合周期分别为：木星398.882日（误差0.002日），火星779.926日（误差0.011日），土星378.090日（误差0.002日），金星583.922日（误差小于0.001日），水星115.879日（误差0.001日），它们是我国古代所取得的最佳成果。另外，张胄玄对五星在一个会合周期内的动态进行描述时，以为在某些动态段中，五星的运行速率是依等差级数变化的，并解决了等级差数求和的问题，这在天文学上和数学上都是有重要意义的。

三、一行及其大衍历

一行（683—727年），魏州昌乐（今河南南乐县）人，俗名张遂，唐代名僧，在天文学上有很高的造诣，他对我国古代天文历法体系的贡献很大。

728年，张说奏上一行完成的大衍历。一行为编此历，进行了大量的天文实测，并对中外历法系统进行了深入的研究，在继承传统的基础上，创新颇多。

从历法的编次体例上看，共计分为7章："步中朔"（计算节气、朔望等），"步发敛"（计算七十二候等），"步日躔"（关于太阳运动的计算），"步月离"（关于月亮运动的计算），"步轨漏"（计算日影及昼夜漏刻长度），"步交会"（日月交食的计算）和"步五星"（关于五星运动的计算）。它们具有结构合理、逻辑严密、体系完整的特点，后世历法大都因之，成为历法体例的楷模。

从内容上考察，其创新之处主要有：

对太阳视运动不均匀性进行新的描述，纠正了张子信、刘焯以来日躔表的失误，提出了我国古代第一份从总体规律上符合实际的日躔表。在利用日躔表进行任一时刻太阳视运动改正值的计算时，一行发明了不等间距二次差内插法，这是对刘焯相应计算法的重要发展。

一行对于五星运动规律进行了新的探索和描述，确立了五星运动近日点的新概念，明确进行了五星近日点黄经的测算工作。如他以为 728 年时，木、火和土三星的近日点黄经分别为 345.1°、300.2° 和 68.3°，这与相应理论值的误差分别为 9.1°、12.5° 和 1.6°，此中土星近日点黄经的精度已经达到了很高的水平。一行还首先阐明了五星近日点动的概念，并定出了每年动的具体数值。在对五星运动不均匀性运行描述时，一行发明了五星盈缩运动的数值表，它是以五星近日点为起算点，每隔 15° 定出一个五星实际行度与平均行度之差的数值表格。据此，再应用等间距二次差内插法，推求任一时刻五星运动不均匀的改正值，这一表格和方法均较张子信等人的"入气加减"法前进了一大步。

大衍历还首创了九服晷漏、九服食差等的计算法。前代各历法在计算晷漏、食差时，都仅局限于京都所在地，其结果并不适应全国广大地区（即九服之地）的实际情况，所以新算法的提出，就把原先仅适用于京师的历法，全面推广为真正的全国性历法，其意义可想而知。而且，在新算法中，还包含有一行编成的世界上最早的正切函数表，更具有重大的数学意义。

四、曹士、边冈和徐昂等的贡献

曹士是唐代民间天文学家。在 780—783 年，他撰成符天历，这仅是一种民间小历，似不登大雅之堂，但实际上却在历法史上占有相当重要的地位。

　　符天历选取唐高宗显庆五年（660年）为历元，以这种近距历元取代传统的上元法。所谓上元是一种理想的历元，它要求一系列天文现象同起始于一点，这实际上是不可能的，强求之，就不能不带有牵强附会的因素，而且自上元到实际求算年之间往往相距极其庞大的年份，所以上元法存在既使计算繁杂，又使计算结果失真的弊端。曹士的改革，正是针对这种弊病采取的有效措施。另外传统历法的天文数据，一般均以分数表示。对此，曹士选用了万分法，即取分母为一万，这既使各天文数据呈一目了然的形式，又使计算便捷。这两项改革，后为元代授时历所接受。

　　此外，曹士开辟了历法数值表格及其计算公式化的蹊径。

　　这种公式化、数学化的趋势，在边冈的崇玄历（892年）中得到了极大的发展。边冈把曹士所展示的数学方法，明确归结为"相减相乘"法，并把该法推广应用于黄赤道宿度变换、月亮极黄纬和交食等历法问题的计算中，均建立了相应的算式。不仅如此，边冈还首创了计算每日中午日影长度的两个三次函数式，把传统的二十四节气晷影长度表格及其每日晷长的计算公式化了。他还曾定出两个计算太阳视赤纬的算式，系为四次函数式，这就把传统的二十四节气太阳视赤纬表格及每日太阳视赤纬的计算公式化了。它们在天文学和数学上都具有很重要的意义。

　　唐代天文学家徐昂在其宣明历（822年）中对日食计算所作的重要改进，也是这时天文历法的重要事件。徐昂把月亮视差对日食的影响，区分为"时差""气差""刻差"和"加差"四种，它们都与日食发生、节气的先后及辰刻的早晚有关。其中，时差是从定朔时刻求食甚时刻的修正值，而后三者是对去交度（月亮与黄白交点的度距）的修正值，用以判断日食发生与否以及食分大小的计算。对此，徐昂均提出了近似的、经验性的计算方法。由于加差仅是一项微小的订正，后世历法均略而不计，于是徐昂首创的时差、气差和刻差，被合称为日食三差法，成为后世历法遵循的经典方法。

第六节 巅峰——郭守敬的授时历

我国古代天文历法体系到隋唐时期已经具备了完善的形态，无论从形式和内容上看都是如此。宋元时期的发展，主要体现在天文观测仪器、观测方法、观测成果在精度上的提高，在规模上的扩展，以及若干计算方法的进一步改良，某些宇宙理论的深化等方面，这些都把我国古代天文历法体系的发展推向高峰。

郭守敬（1231—1316年），字若思，顺德邢台（今河北省邢台市）人，是元代的科学家。他在天文仪器制造、天文观测和水利工程等科学技术领域中成绩卓著，他与王恂等共同编制的授时历则是我国古代历法发展到巅峰状态的标志。

郭守敬一生先后设计制作的天文仪器约有20种，除前已提及的简仪、高表、景符以外，还有仰仪（用于测量地方真太阳时和太阳视赤纬，亦可用于观测日食）、玲珑仪（用于观测日、月的赤道坐标，又有假天仪的功能）、正方案（用于厘定方向和测量地理纬度）、七宝灯漏（自动报时仪）和水浑运浑天漏（自动演示日月星辰运行状况的仪器）等。它们无不具有结构新颖、实用有效的特点。郭守敬在此领域中，以其数量之多、质量之高和创新之众，勇冠历代天文仪器制造家之首。

他主持进行了大量的天文观测工作。除上已述及的恒星位置测量、冬至时刻、回归年长度、五星近日点黄经等之外，还对月亮过近地点和降交点的时刻、平朔时刻，北京每日太阳出入时刻，冬至时太阳所处恒星间的位置（冬至日躔），五星平合时刻等一系列天文数据，进行了长期仔细的和带创造性的测量工作，均取得了较好的成果。如对冬至日躔的测定，郭守敬主要采用后秦姜岌的月食冲法，同时采用姚舜辅发明的方法：先测定太阳与金星之间的度距，再测定昏旦时金星在恒星间的位置，进而推算出冬至日躔的数据。在姚舜辅法的基础上，郭守敬又增加月亮和木星为观测对象，从而得到尽量多的可资利用的第一手观测结果。经过3年的不懈努力，郭守敬共得到134个数据，最后定出1281年冬至时太阳在赤道箕宿十度，这与理论值之差仅约0.2°，足见郭守敬观测工作之精良可靠。

他还主持了一次大规模的、全国性的天文测量工作，共选择了27个观测点，遍布全国各地。观测内容与一行当年的测量相仿，但从规模和精确度上均远远超过前人。

所有这些天文测量工作，都为授时历的编制提供了切实可靠的第一手材料，把授时历的编制建立在了坚实的实践基础之上。此外，授时历还充分吸收前代历法的精髓，并有所创新。

授时历废止了上元积年法，而以实测历元取代之，即它以1281年为历算的起始年份，这一年的各历法要素，如冬至时刻和日躔、平朔、月亮过近地点和降交点、五星平合等，均由实测而得，并分别令其为有关历法问题计算的起始点。授时历还以万分法代替分数法。这两点是郭守敬等人总结前人经验基础上做出的明智抉择。

对于日月五星运动不均匀改正的计算方面，授时历明确应用了完善的3次差内插法。研究表明，这些算法与古希腊和印度所使用的相应算式的精度相当，即在这一论题上，中西天文学达到了殊途同归的境地。

授时历还提出了黄道宿度变换、白赤道宿度变换和太阳视赤纬计算的数学公式，这些公式是由数学方法推衍而得的，与前人类似公式得来的途径大不相同。考其所用的数学方法，实际上已经开辟了通往球面三角法的蹊径，所以具有天文学和数学进展的双重意义。

授时历自元及明行用了360余年，它作为我国古代传统历法发展的高峰和终结而载入史册。

第七节 没落——明清时期传统的历法

明清时期，传统天文历法虽然在个别领域仍有所发展，在个别时期也曾有复兴的苗头，但从整体上看，它经历了长期停滞，渐趋衰落，并融入世界天文学发展的总潮流中去的历史过程。

一、传统天文历法的停滞和西学东渐

自明初开始，到明万历年间的约 200 年中，除了对异常天象的观测仍在继续，个别实用天文学（如航海天文学）有所进展外，天文历法的研究完全陷于停顿的状态。

明初统治者对天文历法采取了极其严厉的政策："国初学天文有严禁，习历者遣戍，造历者殊死。"这严重地摧残了民间对天文历法的研究。至明孝宗时，曾"命征山林隐逸能通历学者以备其选，而卒无应者"，可见历法在民间几成绝学。此外，极少数有幸涉足天文历法的官员，多趋保守，满足于成规旧法以应付日历等的安排，久而久之，对于历法渐渐茫然无知，甚至出现以讹传讹的现象。间有改革历法的议论，亦并无真知灼见之识，或为"祖制不可变"的强大思潮所淹没。因此有明一代，沿用元代授时历，一无更改，殊可悲叹！

到明万历年间（1573—1620 年），国初的禁令已松弛，间有朱载堉、邢云路等人起而对授时历进行较深入的研究。朱载堉先后献上圣寿万年历和黄钟历，虽然从整体上看它们乃是授时历的翻版，但在回归年长度古大今小等问题上较授时历有所修正。邢云路著《古今律历考》，对上自古四分历，下至授时历的历法作了全面的评述。邢云路还在兰州立六丈高表，进行了万历三十六年（1608 年）冬至时刻的实测工作，进而算得回归年长度值为 365.24219 日的新值，与理论值之差仅约 2 秒，是为我国古代、也为当时世界上的最佳值，这是在传统历法经过长期停滞之后，迸发出的灿烂火花。

明末，正当人们渐渐从 200 多年的迷蒙中醒来，开始发掘传统历法并有所发现的时候，西方传统的天文学知识，随着传教士的东来，开始传入中国。从此开始了两种不同体系的天文历法相互交锋，又彼此融汇的复杂过程。

先是以徐光启为首的一批学者，崇尚西法，他们与传教士一起，共同编纂了《崇祯历书》，对西法作了系统的介绍，对西法的传播起了极重要的作用。到明清之际，则有王锡阐、梅文鼎等人，兼通中西之法，他们尽力取中西法之长，力图融中西法于一炉，如王锡阐编撰的《晓庵新法》便是中西历法合璧的产物。清初，以杨光先为首的一批官员，对西法采取全然排斥的态度，其自身对传统历法又茫然无知，这对于天文历法的发展是无益有害的。这些情况，大概反映了明末清初人们对西法传入的不同态度。

1723 年，清雍正皇帝下令把西方传教士赶出中国，自此到 1840 年鸦片战争爆发的 100 余年中，清王朝采取的闭关锁国政策，和愈演愈烈的文字狱，给天文学的发展带来了极其严重的恶果。这时的学者只能埋头于对古代传统历法的注释和整理工作，而西方天文学在此间更取得了突飞猛进的发展。如果说明末清初中国传统历法还可以与西方传统天文学相媲美，到此时则无以望其项背了，传统天文历法的落后状况已成定局，而这时的中国学者还不能自知。

1840 年以后，长期禁锢的门户被迫打开，近代天文学知识第二次以全新的面貌传入，在中国学者面前，展现了一个五彩纷呈的天文学知识的世界，人们才认识到自身的落后，开始翻译、学习新的天文学知识，踏上了追赶近现代天文学发展潮流的艰巨而漫长的道路。

二、《崇祯历书》的编纂

崇祯二年至七年（1629—1634 年），在徐光启和李天经先后领导下的历局，聘请龙华民、邓玉函、罗雅谷等耶稣会参加，编辑了一部比较系统地介绍欧洲天文学的卷帙浩繁的著作——《崇祯历书》，共计 137 卷。

该书分为节次六日和基本五目，前者是将历法分为日躔、恒星、月离、日月交会、五纬星和五星凌犯六个部分；后者是指法原（天文学理论）、法数（天文用表）、法算（天文学计算中必备的数学知识，主要是三角学和几何学）、法器（测量仪器和计算工具）以及会通（中西各种度量单位的换算表）五大部分。其中法原 40 卷，约占全书的 1/3，是全书的核心，它不但论述了历法本身，而且着重讨论了作为历法基础的天文学理论和计算方法等问题。

该书采用了 16 世纪丹麦天文学家第谷的宇宙体系，以为地球是宇宙的中心，月亮、太阳和恒星绕地球旋转，而五大行星则绕太阳运行。这个体系比利玛窦等人传来的托勒密地心学说有进步，但较哥白尼体系却是个退步。该书还采用本轮、均轮等一整套小轮系统来解释日月五星运动的不均匀性现象，而此时小轮系统已被开普勒证明是一种主观的虚构，天体绕中心体做椭圆轨道运动才是真谛。从这两方面看，《崇祯历书》所根据的并不是当时先进的理论，而是业已落后的东西。

尽管如此，第谷体系和小轮系统对中国学者来说，也还是较新颖的知识。更重要的是，该书还引进了一系列新的天文概念和计算方法。如明确的地球概念，测量经纬度的方法，日月食计算新法，周日视差和蒙气差的改正值，球面和平面三角学的准确公式，严格的黄道坐标系统，冬至点和太阳近地点的区别，圆周的 360° 制等。它还介绍了哥白尼、第谷、伽利略、开普勒等人的部分科学成果和天文数据。如它大量引用了哥白尼《天体运行论》中的材料，基本上译出了其中的 8 章，译用了哥白尼发表的 27 项观测记录中的 17 项；介绍了伽利略关于太阳黑子在日面上运行的新发现；译出了开普勒《论火星的运动》一书中的几段材料；等等。这些都大大扩展了人们在天文学领域的视野。

清初，传教士又将《崇祯历书》略作整理进呈给清帝，改书名为《西洋历法新书》，共100卷。在其后相当长一段时间内，它一直成为当时天文学家学习和研究西方天文学的最主要著作，对我国天文学的发展产生了很大影响。

知识链接

两河流域的太阴历

两河流域的人们，通过观察月亮阴晴圆缺的变化，编制了太阴历。他们规定7天为1星期，每天各有一位星神值班，从星期天到星期六分别是太阳神、月神、火星神、水星神、木星神、金星神、土星神。我们现在使用的星期的制度就是由此演变而来的。

第二篇　二十四节气

第八章
二十四节气综述

　　中国作为四大文明古国之一，历史悠久，源远流长；我们中华民族也坚韧不拔，创造力十足。我国古代就有"四大发明"，而且有儒教、道教及春秋百家流传于世，尤其是儒教，在整个东亚、南亚文化圈内有无可比拟的影响力，并且受到了西方精英人士的关注。这表明我们中华民族不仅在物质领域，而且在精神领域都有极高的成就。

　　中国是世界上最早发明历法的国家之一，这对中国的政治、经济、文化的发展有着无可比拟的影响。农历是中国传统历法之一，也被称为"阴历""殷历""旧历"等。农历属于阴阳历并用，一方面以月球绕地球运行一周为一"月"，平均月长度等于"朔望月"，这一点与阴历在原则上相同，所以农历也叫"阴历"；另一方面农历设置"闰月"以使每年的平均长度尽可能接近回归年，同时划分二十四节气以反映季节的变化特征。因此农历集阴、阳两历的特点于一身，也被称为"阴阳历"。至今几乎全世界所有华人以及东亚文化圈内的朝鲜半岛和越南等国家，仍旧使用农历推算传统节日，如春节、中秋节、端午节等节日，并且定期举行规模宏大、各具特色的庆典活动。

知识链接

中国古代的历法有三种：阳历、阴历和阴阳合历。阳历也叫太阳历；阴历也叫太阴历、月亮历；阴阳合历，也就是俗称的农历，它把太阳和月亮的运行规则合为一体，作出了两者对农业影响的终结性论断，所以中国的农历比纯粹的阴历或西方普遍利用的阳历更实用方便。农历是中国传统文化的代表之一，它非常准确巧妙。

二十四节气是我国古代人民为了更好地生活和生产，根据自然现象的规律和特征，概括总结出来的一套天文气象历法。它是一部反映太阳对地球产生影响的太阳历，将一年等分为 24 个时间段，以地球围绕太阳公转的 1 个周期（1 回归年）作为 1 个轮回，基本概括了一年中不同时节太阳在黄道上位置的不同、寒来暑往的准确时间、降雨降雪等自然现象发生的规律，并且大体规定了大自然中一些具有代表性的物候的时刻。

古代人将一年分为 12 个月纪，每个月纪有两个节气。在前面的称为节历，在后面的称为中气，如每年立春在阴历正月的前半月，也称正月节，而雨水在正月的后半月，称为正月中。但为了使用方便，后人逐渐就把节历和中气统称为节气。

二十四节气将一年的四季划分为 24 个阶段，在四季中各有 6 个节气。关于这 24 个节气，有一首脍炙人口的小歌诀，使人可以轻松了解各个节气，方便生活生产，体现了我国古代劳动人民的勤劳和智慧。这首歌诀是：

春雨惊春清谷天，

夏满芒夏暑相连。

秋处露秋寒霜降，

冬雪雪冬小大寒。

每月两节不变更，

最多相差一两天。

上半年来六廿一，

下半年是八廿三。

前两句分别包括了 24 个节气，下面我们会一一解释；后两句说的是上半年的节和气的日期分别是每月的 6 号和 21 号，下半年的节和气的日期分别是 8 号和 23 号，每年的节气时间都差不多，最多相差一两天，阳历的月初是节，月末是气。如 2011 年的清明节是 4 月 5 号，与歌诀中的 6 号比就差了 1 天，很有规律并且简单易记。

第一节　二十四节气的由来

在古代，农业在生活中占了很大比重，但古代农业生产水平较低，并且受自然因素的影响很大。为了更好地进行农业生产，及时进行播种、收获等，就需要了解天时，也就是各个季节的天气状况，这就需要总结出一套指导人们生产和生活的天气规律来，使人们能及时做好各种准备。

两千多年来，黄河流域气候温和，土壤肥沃，地势平坦，易于发展，因此我国的主要政治、经济、农业活动中心多集中在黄河流域。于是我国先民以这一带的物候为依据建立起了一套能指导人们进行农业生产的天气规律——二十四节气。需要特别指出的是，由于我国幅员辽阔，地形多变，东西南北差异较大，因此二十四节气对很多地区来讲只是一种参考。

早在春秋战国时代，我国古代劳动人民就有了冬至日时太阳走到最南面，夏至日时太阳运行到最北面的概念，定出了仲春、仲夏、仲秋和仲冬4 个节气。到战国后期成书的《吕氏春秋》之"十二月纪"中，就有了立春、春分、立夏、夏至、立秋、秋分、立冬、冬至 8 个节气名称。这 8 个节气，是 24 个节气中最重要的节气，清晰地标示出了季节的转换，明确地划分了一年的四季。后来到了西汉时期，《淮南子》一书就有了和现代完全一样的二十四节气的名称。经过不断的改进与完善，公元前 104 年，西汉《太初历》正式把二十四节气定于历法，明确了二十四节气的天文位置，二十四节气也流传至今。

第二节 二十四节气的划分

划分原理

二十四节气是根据太阳在黄道（即地球绕太阳公转的轨道）上的位置来划分的。视太阳从春分点（黄经零度，此刻太阳垂直照射赤道）出发，每前进 15 度为 1 个节气；运行 1 周又回到春分点，为 1 回归年，一共 360 度，因此分为 24 个节气，每个节气占 15 度。节气的日期在阳历中是相对固定的，如立春总是在阳历的 2 月 3—5 日。但在农历中，节气的日期却不大好确定，再以立春为例，它最早可在上一年的农历 12 月 15 日，最晚可在正月 15 日。

二十四节气及其日期

（表中的日期均为公历，节气具体日期是在这个日期前后）

	节气名	立春	雨水	惊蛰	春分	清明	谷雨
春季	节气日期	2 月 5	2 月 20	3 月 6	3 月 21	4 月 5	4 月 21 日
	太阳到达黄经	315°	330°	345°	0°	15°	30°
夏季	节气名	立夏	小满	芒种	夏至	小暑	大暑
	节气日期	5 月 6	5 月 22	6 月 6	6 月 22	7 月 8	7 月 24
	太阳到达黄经	45°	60°	75°	90°	105°	120°
秋季	节气名	立秋	处暑	白露	秋分	寒露	霜降
	节气日期	8 月 8	8 月 24	9 月 8	9 月 24	10 月 9	10 月 24
	太阳到达黄经	135°	150°	165°	180°	195°	210°
冬季	节气名	立冬	小雪	大雪	冬至	小寒	大寒
	节气日期	11 月 8	11 月 23	12 月 8	12 月 22	1 月 6	1 月 21
	太阳到达黄经	225°	240°	255°	270°	285°	300°

　　由于现在的农历是阴历与阳历结合的一种阴阳历，存在闰月时有 13 个月。如果按照正月初一至腊月除夕算作一年，则有闰月的农历年与无闰月的农历年的天数相差很大。为了规范年的天数，农历纪年（天干地支）规定每年的第一天并不是正月初一，而是立春。即农历的一年是从当年的立春到次年立春的前一天。例如，2010 年是农历庚寅年，庚寅年的第一天不是 2010 年 2 月 15 日的农历正月初一，而是 2010 年 2 月 4 日立春。因为二十四节气是以太阳历为基准所制定出来的历法，所以在阳历的日期中基本是固定的。

　　二十四节气的黄道位置及含义如下：

　　立春：太阳黄经为 315 度。它是 24 个节气的第一个节气，其含意是开始进入春天。过了立春，万物复苏，生机勃勃，一年四季从此开始了。

　　雨水：太阳黄经为 330 度。此时春风遍吹，冰雪融化，空气湿润，雨水增多，所以叫雨水。

　　惊蛰：太阳黄经为 345 度。这个节气表示立春以后天气转暖，春雷开始震响，蛰伏在泥土里的各种冬眠昆虫、动物将苏醒过来开始活动，所以叫惊蛰。

　　春分：太阳黄经为 0 度。春分日太阳在赤道上方。这是春季 90 天的中分点，这一天南北两半球昼夜相等，所以叫春分。过了这一天，太阳直射地球位置便向北移，北半球昼长夜短。所以春分是北半球春季的开始。我国大部分地区越冬作物进入春季生长阶段。

　　清明：太阳黄经为 15 度。这个节气大家都非常熟悉，此时气候清爽温暖，草木开始发新枝芽，万物开始生长。农民忙于春耕春种。在清明节这一天，有些人家都在门口插上杨柳条，还到郊外踏青，祭扫坟墓，这些都是古老的习俗。

　　谷雨：太阳黄经为 30 度。由于雨水滋润大地，五谷得以生长，就是雨水生五谷的意思，所以，谷雨就是"雨生百谷"。

　　立夏：太阳黄经为 45 度。它是夏季的开始，代表从此进入夏天。人们习惯上把立夏当作一个气温显著升高、酷暑将临、雷雨增多、农作物生长进入旺季的最重要的节气。

小满：太阳黄经为 60 度。从小满开始，大麦、冬小麦等夏收作物已经结果，籽粒饱满，但尚未成熟，所以叫小满。

芒种：太阳黄经为 75 度。这时最适合播种有芒的谷类作物，如晚谷、黍、稷等。如过了这个时候再种有芒的作物就不好成熟了。同时，"芒"指有芒作物如小麦、大麦等，"种"指种子。芒种即表明小麦等有芒作物成熟。

夏至：太阳黄经为 90 度。太阳在"夏至点"时，阳光几乎直射北回归线上空，北半球正午太阳最近。这一天是北半球白昼最长、黑夜最短的一天。从这一天起，北半球进入炎热季节，天地万物在此时生长最旺盛。所以古时候又把这一天叫作日北至，意思是太阳运动到最北的一天。过了夏至，太阳逐渐向南移动，北半球白昼一天比一天缩短，黑夜一天比一天加长。

小暑：太阳黄经为 105 度。这时天气已经很热，但还不到最热的时候，所以叫小暑。

大暑：太阳黄经为 120 度。大暑是我国一年中最热的节气，全国各地气温均较高。这个节气雨水也比较多，我国各个大河流域经常出现洪涝灾害，要注意防汛防涝。

立秋：太阳黄经为 135 度。这一天标志着秋天开始，秋高气爽，月明风清。此后，气温由最热逐渐下降。

处暑：太阳黄经为 150 度。这时夏季已经走到头了，暑气就要消散。它是温度下降的一个转折点，是气候变冷的象征，表示暑天终止。

白露：太阳黄经为 165 度。天气转凉，地面水汽结露。

秋分：太阳黄经为 180 度。秋分这一天同春分一样，阳光几乎直射赤道，昼夜几乎相等。从这一天起，阳光直射位置继续由赤道向南半球推移，北半球开始昼短夜长。这一天刚好是秋季 90 天的一半，因而称为秋分。

寒露：太阳黄经为 195 度。白露后，天气转凉，开始出现露水。到了寒露，露水逐渐增多，并且气温更低了。所以，有人说，寒是露的气，先白露然后寒露，表示天气逐渐寒冷。

霜降：太阳黄经为210度。天气已经冷了，并且开始有霜冻，所以叫霜降。

立冬：太阳黄经为225度。习惯上，我国人民把这一天当作冬季的开始。立冬一过，我国黄河中下游地区即将结冰，各地农民都陆续地转入农田水利建设和其他农事活动中。

小雪：太阳黄经为240度。这时候气温下降，天空中开始飘起小雪花，但还不到大雪纷飞的时节，所以叫小雪。小雪前后，北方黄河流域开始降雪（南方降雪还要晚两个节气），已经进入了冰冻季节。

大雪：太阳黄经为255度。大雪前后，黄河流域一带慢慢有了积雪，正如毛主席所写，已是"千里冰封，万里雪飘"的严冬了。

冬至：太阳黄经为270度。冬至这一天，阳光几乎直射南回归线，我们北半球白昼最短，黑夜最长，开始进入数九寒天。冬至以后，阳光直射位置逐渐向北移动，北半球的白天就逐渐长了。

小寒：太阳黄经为285度。小寒以后，开始进入寒冷季节。冷气积累时间长了所以才寒，小寒是天气已经寒冷但还没有冷到极点的意思。

大寒：太阳黄经为300度。大寒就是天气寒冷到了极点的意思。大寒前后是一年中最冷的季节。大寒正值三九刚过、四九之初。大寒以后，立春接着到来，天气渐暖。至此地球绕太阳公转了一周，完成了一个循环。

第三节　二十四节气的传统文化

二十四节气是我国古代劳动人民的极具创造性的成果，揭示了天气、物候的规律性变化，为农业生产起了重要的指导作用。关于二十四节气的传统文化，包括传说、习俗、诗歌和谚语等，也是数不胜数。这既反映了我国传统文化的多样性，又显示了我国人民的智慧和创造力。除了上文提到的一个最普遍的、总述性的二十四节气歌外，每个节气都有其独特的神话传说、流传下来的习俗以及诗歌和口诀。在此并不赘言各个节气，只综述一二。下面各节会详细指出节气的相关文化、趣闻。

关于各个节气的自然景象和生活习俗，有诗歌描述得很好：

> 西园梅放立春先，
>
> 云镇霄光雨水连。
>
> 惊蛰初交河跃鲤，
>
> 春分蝴蝶梦花间。
>
> 清明时放风筝好，
>
> 谷雨西厢宜养蚕。
>
> 牡丹立夏花零落，
>
> 玉簪小满布庭前。
>
> 隔溪芒种渔家乐，
>
> 农田耕耘夏至间。
>
> 小暑白罗衫着体，
>
> 望河大暑对风眠。
>
> 立秋向日葵花放，
>
> 处暑西楼听晚蝉。
>
> 翡翠园中沾白露，
>
> 秋分折桂月华天。
>
> 枯山寒露惊鸿雁，
>
> 霜降芦花红蓼滩。
>
> 立冬畅饮麒麟阁，
>
> 绣襦小雪咏诗篇。
>
> 幽阁大雪红炉暖，

冬至琵琶懒去弹。

小寒高卧邯郸梦，

捧雪飘空交大寒。

还有一个节气百子歌，读来朗朗上口，十分有趣：

说个子来道个子，

正月过年耍狮子。

二月惊蛰抱蚕子，

三月清明坟飘子。

四月立夏插秧子，

五月端阳吃粽子。

六月天热买扇子，

七月立秋烧袱子。

八月过节麻饼子，

九月重阳捞糟子。

十月天寒穿袄子，

冬月数九烘笼子。

腊月年关四处去躲账主子。

另外，在我国的对联中，以节气为题材的也有很多，有的还很精彩，例如，传说明代有一位学台，在浙江天台山游览时，夜宿山中茅屋。次日晨起，见茅屋一片白霜，心有所感随口吟出上联：

昨夜大寒，霜降茅屋如小雪

联中嵌有3个节气，一气呵成，毫无痕迹，一时成为绝对。直至近代，才由浙江的赵恭沛先生对出下联：

今朝惊蛰，春分时雨到清明

一样3个节气，对得十分工整。

另一副对联则更有文学性和科学性：

二月春分八月秋分昼夜不长不短；

三年一闰五年再闰阴阳无差无错。

上联不仅指出了春分和秋分这两个节气所在的月份，而且把这两个月份的时间特点讲得清清楚楚，即二、八月是昼夜相平。下联则换了另一个角度，道出了农历闰年的规律性，其科学性也是毋庸置疑的。

明朝崇祯皇帝倚重的大臣，后来降清的洪承畴，相传在"谷雨"那天与人下棋时对了一副对联，说：

一局妙棋今日几乎忘谷雨

两朝领袖他年何以别清明

上联是洪承畴所出，下联为同弈者所对，意思是在讽刺洪承畴失义辱节，两个朝代的大臣，不知道是清朝的还是明朝的，一语双关，深藏讽意。

我们国家非常重视非物质文化遗产的保护，2006 年 5 月 20 日，二十四节气民俗经国务院批准列入第一批国家级非物质文化遗产名录。

第四节　二十四节气与西方占星文化的对应

由于二十四节气是根据中国的气候制定的，所以在国外的影响范围只限于同属东亚季风气候的日本、朝鲜及韩国等国家。

西方在占星上盛行黄道十二宫，即十二星座。占星学上为了描述太阳在天球上经过黄道的 12 个区域，将之分别命名为白羊座、金牛座、双子座、巨蟹座、狮子座、处女座、天秤座、天蝎座、射手座、摩羯座、水瓶座、双鱼座。二十四节气与西方文化中的黄道十二宫有对应的关系。但黄道十二宫是时间段而不是时点，所以二十四节气与青少年比较感兴趣的十二星座有以下对应关系：

白羊座对应于春分到谷雨，

金牛座对应于谷雨到小满。

双子座对应于小满到夏至，

巨蟹座对应于夏至到大暑。

狮子座对应于大暑到处暑，

处女座对应于处暑到秋分。

天秤座对应于秋分到霜降，

天蝎座对应于霜降到小雪。

射手座对应于小雪到冬至，

摩羯座对应于冬至到大寒。

水瓶座对应于大寒到雨水，

双鱼座对应于雨水到春分。

　　现在的青少年往往对西方的十二星座很感兴趣。西方占星学是以地球的角度观测的，认为每一个星体都代表了不同的人类性格特质。不同时间出生的人都有各自的主宰行星，并且因为主宰行星的影响而有迥异的性格特质。这里所提到的主宰行星，正是研究不同时间出生者性格差异的重要线索。

第九章

二十四节气分述

第一节　姹紫嫣红总是春——春之节气

冰河解冻，万物复苏，春天是一个充满生机勃勃的季节。春天的节气有 6 个，分别是立春、雨水、惊蛰、春分、清明和谷雨。这 6 个节气分别展示了春天的气候特征和我国的一些传统习俗，下面我们就分别探讨一下。

一、立春

1. 立春简介

立春，是二十四节气里的第一个节气，又称"打春"。中国以立春为春季的开始，在每年公历 2 月 4 日左右，太阳到达黄经 315 度。古代称立春、立夏、立秋、立冬为"四立"，指春、夏、秋、冬四季的开始。根据劳动人民多年的经验，四立的农业意义为"春天播种、夏天生长、秋天收割、冬天收藏"，概括了黄河流域中下游农业生产与气候关系的全过程，并且十分符合生产实际。

立春表示春天的节气已经开始。人们有"春打六九头""几时霜降几时冬，四十五天就打春"之类的农谚，从冬至开始入九，"五九"过了45天，立春正好是"六九"的开始。立春作为节令早在春秋时就有了，那时一年中有立春、立夏、立秋、立冬、春分、秋分、夏至、冬至8个节令，到了《礼记·月令》一书和西汉刘安所著的《淮南子·天文训》中才有24个节气的记载。

在汉代前我国历法曾多次变革，那时曾将二十四节气中的立春这一天定为春节，意思是春天从此开始。这种做法延续了两千多年，直到1913年，当时的国民政府正式下了一个文件，明确每年的正月初一为春节。此后的立春日，仅仅作为24个节气之一存在并传承到今天。

我国古代将立春的15天分为三候："一候东风解冻；二候蛰虫始振；三候鱼陟负冰。"第一阶段，说的是温暖的东风吹过，大地开始解冻；第二阶段，到了立春5天后，蛰居的虫类慢慢在洞中苏醒；到了5天后的立春第三阶段，河里的冰开始融化，鱼开始到水面上游动，这个时候水面上还有未完全消融的碎冰块，就像被鱼背着一样浮在水面上。

自秦代以来，中国就一直以立春作为春季的开始。立春是从天文上划分的，而在自然界、在人们的心目中，春天是温暖的，到处鸟语花香；对广大农民朋友来说，春天更是耕耘播种的时候，这时候要好好劳作，"一年之计在于春"就是说的这个意思。

2. 立春的习俗和迎春的庆祝活动

立春作为二十四节气之首，代表春天已经开始，是一年中比较重要的时刻。在我国，民众有各式各样的迎春活动，有的是自古相传，彰显出我国传统民族文化的魅力。

立春也称"打春""咬春"，又叫"报春"。这个节令与众多节令一样有众多民俗，有迎春行春的庆贺祭典与活动，有打春"打牛"和咬春吃春饼、春盘、咬萝卜之习俗等。

（1）官方的迎春活动

在立春这一天，各朝代官方举行纪念活动的历史悠久，在2 000多年前，立春的纪念活动就已经出现。当时，祭祀的句芒亦称芒神，是主管农事的春神。

周代在立春日迎春，是先民在立春的时候进行的一项重要活动，也是历代帝王和庶民都要参加的迎春庆贺礼仪。立春时，亲自带领三公九卿诸侯士大夫去都城东郊迎春，向上天祈求丰收。回宫后周天子还要赏赐群臣，颁布仁德的措施和法令用来向广大群众散施恩惠。

东汉的时候正式产生了迎春礼俗和民间的服饰、饮食习俗。唐宋时代的立春日，宰臣以下都要入朝，向皇帝敬献贺表，表达对上天和皇帝的恭贺之情。到明清两代的时候，立春文化开始盛行起来。清代称立春的贺节习俗为"拜春"，其迎春的礼仪形式称为"行春"。在这些迎春活动中"服饰"与"打牛"是很重要的习俗之一。明清时京兆尹和各府衙官员都必须将官服穿戴整齐，去京城"东郊"的东直门外5里的"春场"去迎春，即按规定的仪仗制作春牛芒神、柳鞭等，举行迎春礼仪，然后进宫朝贺并接受赏赐。

（2）民间迎春活动

迎春主要是因为迎接主管农事的春神句芒。古代传说句芒是草木神和生命神，他的形象是人面鸟身，主管订立规矩，掌控春天的活动。在周代就有设东堂迎春之事，说明祭句芒由来已久。

迎春是立春的重要活动，事先必须做好准备，进行预演，俗称演春。然后才能在立春那天正式迎春。迎春是在立春的前一天进行的，目的是把春天和句芒神接回来。迎春设春官，该职在古代由乞丐担任，或者由娼妓充当，并且预告立春的准确时刻。过去在老式日历本上都有芒神、春牛图，清代末年《点石斋画报》上的"龟子报春""铜鼓驱疫"都是当时过立春节日的重要活动。

浙江地区在立春的迎春活动大体是这样的：在立春前一天，人们抬着句芒神出城上山，同时又祭太岁。太岁就是值岁的神，坐守当年，主管当年的吉凶，因此民间也进行祭拜，以求逢凶化吉、大吉大利。迎神的时候大多举行大班鼓吹、抬阁、地戏、秧歌、打牛等活动。从乡村抬进城后，人们在道路旁边聚集争相围观，抢着向神像投掷五谷，这就是所谓的观看迎春。

而山东迎春祭句芒的时候，人们根据句芒神的服饰预告当年的气候状况：戴帽则表示春暖，光头就表示春寒，穿鞋表示春雨较多，赤脚就表示春雨少。

在其他地区，盛行贴"春风得意"等年画。广州地区则在立春前后，击鼓驱疫，祈求平安。各地虽然都是为了迎春，但各个地方的传统习俗、生活习惯等都不一样，所以各地举行的仪式或活动也大有不同。有兴趣的朋友可以向长辈询问一下本地的迎春习俗，也可以通过方便快捷的互联网等方式来了解。

迎接立春的一些有趣的风俗活动也有很多，现在就简单介绍一些。

（1）鞭春牛

鞭春牛，又称鞭土牛，这项活动起源较早，后来一直保存下来，但改在春天，盛行于唐、宋两代，尤其是宋仁宗颁布《土牛经》后鞭土牛风俗传播更广，是我国民俗文化的重要内容。鞭春牛的意义，不只局限于送走寒气，促进春耕，也有一定的巫术意义。山东民间的习俗要把土牛打碎，人们争抢春牛土，这个活动叫作抢春，以抢得牛头最为吉利。另外还有采茶祭春牛活动，湖北地区还举行"龟子报春"活动。除了皇历上有春牛图外，各地年画中也普遍刻印春牛图，作为春节期间的吉祥图。

（2）咬春

立春时还要吃一些独特的食品，主要是春饼、萝卜、五辛盘等，在南方则流行吃春卷，街市上都有不少叫卖春卷的小贩。立春这一日，民间讲究要买个萝卜来吃，叫作咬春。因为萝卜味辣，取古人"咬得草根断，则百事可做"的意思。老北京人讲究时令吃食，立春这天要吃春饼，吃春饼也是咬春，也有叫吃春盘的，那时候，再穷的人家，也要买个萝卜给孩子咬咬春。此处有两点值得注意：一是过去认为咬春就是吃萝卜，其实也包括吃春饼；二是所谓讨春就是迎春之意。为什么要吃萝卜呢？比较普遍的说法是可以解春困。其实咬春并不限于此，除解困外，主要是通气，使人保持青春不老。五辛盘是由5种辛辣食——葱、蒜、椒、姜、芥调和而成的食品。

立春后，人们在春暖花开的日子里，喜欢外出游春，俗称出城探春、踏春，这也是春游的主要形式。

在立春的时候举行仪式迎接春天的到来，各地、各族人民的活动虽有所不同，但反映了人们辞旧迎新，对新一年美好生活的憧憬。

二、雨水

1. 雨水的概况

雨水是二十四节气里的第二个节气，在公历每年2月18日前后。此时太阳到达黄经330度。雨水，表示两层意思：一是进入春天以后，天气回暖，降水逐渐增多了；二是在降水形式上，雪逐渐少了，而雨水变多了。

我国古代将雨水分为三候："一候獭祭鱼；二候鸿雁北；三候草木萌动。"意思是在雨水节气的第一阶段，水獭开始捕鱼了，将鱼摆在岸边就像先祭祀然后再食用的样子；5天过后，雨水的第二阶段，大雁开始从南方飞回北方；再过5天，即雨水的第三阶段，在"润物细无声"的春雨中，草木随着大地中的阳气升腾而开始抽出嫩芽。从此，大地渐渐开始呈现出一片欣欣向荣的景象。

雨水节气一般从2月18日前后开始，到3月4日前后结束。太阳的直射点也由南半球逐渐向赤道靠近，这时的北半球，日照时数和强度都在增加，气温回升较快，来自海洋的暖湿空气开始活跃，并渐渐向北挺进。与此同时，冷空气在减弱的趋势中也不甘示弱，与暖空气频繁地较量，既不甘退出主导的地位，也不肯收去余寒。这时的大气环流处于调整阶段，我国各地的气候特点，总的趋势是由冬末的寒冷向初春的温暖过渡。雨水不仅意味着降雨的开始及雨量增多，而且表示气温的升高。雨水前，天气相对来说比较寒冷。雨水后，人们则明显感到春回大地，万物复苏，春暖花开，沁人心脾的芳香气息激励着人们舒展活力，向前发展。

雨水时节，全国大部分地区严寒有雪的时候已经过去，下雨开始，雨量渐渐增多。雨水时节是农民朋友农业生产的关键时期，因为这时候降水逐渐丰富，气温逐渐升高，是播种插秧的好时节。这时候人们要抓紧越冬作物的田间管理，做好选种、春耕、施肥等春耕春播准备工作。在雨水节气的15天里，草木萌动，我们从"七九"的第六天走到"九九"的第二天，"七九河开八九燕来，九九加一九耕牛遍地走"，这意味着我国的许多地区正在进行或已经完成了由冬天转到春天的过渡。在春风雨水的催促下，广大农村开始呈现出一片春耕的繁忙景象。

2. 雨水养生

雨水时节，北方冷空气活动仍很频繁，天气变化多端。既然说到这个季节冷空气活动频繁，就不能不提人们常说的"春捂"。这是古人根据春季气候变化特点而提出的穿衣方面的养生原则。

初春阳气逐渐生成，气候日趋温暖，人们逐渐脱掉棉衣穿上单衣，尤其是一些爱美的女性，早早地就只要风度不要温度。但此时北方阴寒还没有完全消退，昼夜温差较大。虽然雨水的时候不像寒冬腊月时那样冷冽，但由于人体皮肤腠理已经根据时令变得相对疏松，对风寒邪气的抵抗力会有所减弱，因而容易感染所谓的邪气而致病。其实就是雨水后，春风送暖，致病的细菌、病毒易随风传播，因此春季传染病常易暴发流行。

所以此时"春捂"是有一定道理的。在雨水时节，变化无常的天气容易引起人的情绪波动，乃至心神不安，影响人的身心健康，对高血压、心脏病、哮喘患者更是不利。为了消除这些不利的影响，除了应当继续进行"春捂"外，还应采取积极的精神调整养生锻炼法，保持情绪稳定，这对身心健康有着十分重要的作用。此外，每个人应该在保护好自己的同时，注意锻炼身体，增强抵抗力，预防疾病的发生。

另外，雨水节气中，地表的湿气逐渐加重，并且早晨有时会有露、霜出现。所以针对这样的气候特点，饮食调养应侧重于调养脾胃和祛风除湿。又由于此时的天气较阴冷，还可以适当地进补，如蜂蜜、大枣、山药、银耳都是适合这一节气的补品。广大青少年身体发育还未完全成熟，尤其要注意自己身体的保养。

3. 雨水习俗

雨水节气的习俗有很多，我国很多地区尤其是四川西部的习俗非常有特色。

在川西民间，雨水节是一个非常有意义的节气。这天在民间有一项特具风趣的活动叫"拉保保"（保保就是干爹的意思）。以前人们都有为自己儿女求神问卦的习俗，看看自己儿女命相如何，需不需要找个干爹带来福气。而找干爹的目的，则是为了让儿子或女儿顺利、健康地成长。这可能是因为以前医疗条件不好，好多孩子生病根本无法医治，所以需要借助干爹的福气将孩子带大，于是民间便兴起了雨水节拉保保的活动。这项活动日复一日，年复一年，久而久之就成了一方的习俗。

雨水节拉保保，意思是"雨露滋润易生长"。关于拉保保的具体做法，川西民间有特定的拉保保的时间和场所。雨水节这天不管天晴还是下雨，要拉保保的孩子之父母手提装好酒菜香蜡纸钱的筐子，带着孩子在人群中穿来穿去找寻拉保保的对象。如果希望孩子长大有知识就拉一个有知识的人做干爹；如果孩子身体瘦弱就拉一个身材高大、身体强壮的人做干爹。一旦有人被拉着当干爹，有的能挣脱就跑了，有的扯也扯不脱身，大都会爽快地答应，认为这是别人信任自己，从而自己的命运也会好起来的。拉到后拉者连声叫道"打个干亲家"，就摆好带来的下酒菜，焚香点蜡，叫孩子快拜干爹，还要叩头请干爹喝酒吃菜，有的还需要请干爹给娃娃取个名字，这样拉保保就算成功了。分手后也有常年走动的，称为"常年干亲家"；也有分手后就没有来往的，叫"过路干亲家"。

这在川西民间也称为"撞拜寄"，即事先没有预定的目标，撞着谁就是谁。当然"撞拜寄"现在一般只在农村还保留着这一习俗，城里人一般则或朋友或同学或同事相互"拜寄"子女。

雨水节的另一个主要习俗则是女婿、女儿去给岳父岳母送节。送节的礼品则通常是两把藤椅，上面缠着1丈2尺长的红带，这称为"接寿"，意思是祝岳父岳母长命百岁。送节的另外一个典型礼品就是"罐罐肉"：用砂锅炖了猪脚和雪山大豆、海带，再用红纸和红绳封了罐口，给岳父岳母送去。这是对辛辛苦苦将女儿养育成人的岳父岳母表示感谢和敬意。如果是新婚女婿送节，岳父岳母还要回赠雨伞，让女婿出门奔波，能遮风挡雨，也有祝愿女婿人生旅途顺利平安的意思。

到了雨水节，出嫁的女儿纷纷带上礼物回娘家拜望父母。生育了孩子的妇女，须带上罐罐肉、椅子等礼物，感谢父母的养育之恩。久不怀孕的妇女，则由母亲为其缝制一条红裤子，穿到贴身处，据说，这样可使其尽快怀孕生子。这项风俗现在仍在农村流行。

三、惊蛰

1. 惊蛰简介

惊蛰是二十四节气中的第三个，每年太阳运行到黄经345度时即为惊蛰，一般在每年3月4—7日。这时候气温回升较快，逐渐有春雷的动静，"惊蛰"是指钻到泥土里越冬的小动物被雷震醒出来活动。"蛰"是藏的意思。实际上，昆虫是听不到雷声的，大地回春，天气变暖才是它们结束冬眠、"破土而出"的原因。

我国古代将惊蛰分为三候："一候桃始华；二候仓庚（黄鹂）鸣；三候鹰化为鸠。"惊蛰第一阶段描述的是桃花开始变红；到了第二阶段，黄莺鸣叫、燕子飞回的时节，大部分地区都已开始春耕；第三阶段人们看见的鹰少了，而鸠则变多了。惊醒了蛰伏在泥土中冬眠的各种昆虫的时候，过冬的虫卵也要开始孵化，由此可见惊蛰是反映自然物候现象的一个节气。

惊蛰这个节气在农忙上有着相当重要的意义。我国劳动人民自古很重视惊蛰节气，把它视为春耕开始的日子。农谚说："过了惊蛰节，春耕不能歇。"华北冬小麦开始返青生长，土壤仍冻融交替，及时耙地是减少水分蒸发的重要措施。惊蛰耙地，这是劳动人民防旱保墒的宝贵经验。我国江南小麦已经拔节，油菜也开始见花，对水、肥的要求均很高，应适时追肥，干旱少雨的地方应适当浇水灌溉。南方雨水一般可满足菜、麦及绿肥作物春季生长的需要，防止湿害则是最重要的，必须继续搞好清沟沥水工作。华南地区早稻播种应抓紧进行，同时要做好秧田防寒工作。随着气温回升，茶树也渐渐开始萌动，应进行修剪，并及时追施"催芽肥"，促其多分枝、多发叶，提高茶叶产量。桃、梨、苹果等果树要施好花前肥。

惊蛰雷鸣最引人注意，"未过惊蛰先打雷，四十九天云不开"，形象地说明了惊蛰时期的天气。惊蛰节气正处暖还寒之际，现代气象科学表明，"惊蛰"前后，之所以偶有雷声，是大地湿度渐高而促使近地面热气上升或北上的湿热空气势力较强与活动频繁所致。从我国各地自然物候进程来看，由于南北跨度大，春雷始鸣的时间迟早不一。就多年平均而言，云南南部在1月底前后即可闻雷，而北京的初雷日却在4月下旬。"惊蛰始雷"的说法仅与沿长江流域的气候规律相吻合。

惊蛰节气人们要注意气象台对强冷空气活动的预报，当心冷暖变化，预防感冒等季节性疾病的流行。

2. 惊蛰习俗

（1）祭白虎

惊蛰时，动物一出土，便开始觅食。按广东传说，凶神之一的白虎（俗称虎爷）也会在这时出来找吃的。在古老的农业社会里，老虎为患是常有的事，为求平安，人们便在惊蛰那天祭白虎，这是惊蛰祭白虎的由来。

也许是广东这一传说的关系，据说，早年新加坡惊蛰祭祀白虎的信众也以广东人居多，现在则已成为不同籍贯人士相沿袭的传统。由于惊蛰祭祀的普遍，现在许多庙宇都安置了祭白虎的坛，以方便信众。这一尊尊供祭祀的白虎（塑像）通常张嘴獠牙。信众认为，祭祀时以猪油抹白虎雕像的嘴，它就不能张口伤人；用蛋喂食，饱食后的白虎就不会伤人了。按传统，那蛋必须是鸭蛋。因为现在鸭蛋难求，唯有叫"虎爷"将就点，改吃鸡蛋了。

（2）"打小人"驱赶霉运

惊蛰象征2月的开始，会平地一声雷，唤醒所有冬眠中的蛇虫鼠蚁，家中的爬虫走蚁又会应声而起，四处觅食。所以古时候惊蛰当天，人们会手持清香、艾草，熏家中四角，用香味驱赶蛇、虫、蚊、鼠和霉味，久而久之，渐渐演变成不顺心的人拍打对头和驱赶霉运的习惯，这就是"打小人"的前身。

经过代代相传，每年惊蛰那天便会出现一个有趣的场景：妇人一边用木拖鞋拍打纸公仔，一边口中念念有词地念打小人咒语，用来抒发内心的不忿。

很多人都将"打小人"神化，其实此纯粹是民间习俗而已，打小人的用意在于通过拍打代表对头人的纸公仔，驱赶身边的小人瘟神，宣泄内心的不满，大部分人去打小人，一般目的是求新一年事事如意，打小人的目的，就是希望他们知难而退及抒发个人内心的不忿。

（3）惊蛰与"二月二"

二月二，古代称为花朝节、踏青节、挑菜节、春龙节、青龙节，俗称龙抬头。从科学角度来看，农历二月初二还是惊蛰前后，大地开始解冻，天气逐渐转暖，农民告别农闲，开始下地劳作了。

民间传说，每逢农历二月初二，是天上主管云雨的龙王抬头的日子，从此以后，雨水会逐渐增多起来。所谓"龙抬头"，指的是经过冬眠，百虫开始苏醒。所以俗话说"二月二，龙抬头，蝎子、蜈蚣都露头"。因此，这天也叫"春龙节"。农历二月初二，春回大地，万物复苏，蛰伏在泥土或洞穴里的昆虫蛇兽将从冬眠中醒来，传说中的龙也从沉睡中醒来。所以，古时也把"二月二"叫作"上二日"。因此，盛行于我国民间的春龙节在古时又称"春耕节"。据说，这一天如果龙还没有醒的话，那轰隆隆的雷声就要来呼唤它了。

在北方，二月二又叫龙抬头日、春龙节、农头节。广泛地流传着"二月二，龙抬头；大仓满，小仓流"的民谚。在南方叫踏青节，古称挑菜节。依据气候规律，农历二月二之时，我国大部分地区受季风气候影响，温度回升，日照时数增加，雨水也逐渐增多，光、温、水条件已能满足农作物的生长需要，所以二月二也是南方农村的农事节。大约从唐朝开始，中国人就有过二月二的习俗。

二月二正是惊蛰前后，各种虫子蠢蠢欲动，容易传播疫病。古代中国人把生物分成毛虫（披毛兽类）、羽虫（鸟类）、介虫（有甲壳类）、鳞虫（有鳞之鱼类和有翅之昆虫类）和人类五大类。龙是鳞虫之长，龙一旦出来那么百虫就会躲藏起来。所以，农历二月初二龙抬头，人们引龙是希望借助龙威来慑服蠢蠢欲动的虫子，目的在于祈求农业丰收与人畜平安。

3. 惊蛰养生

对我们现代人来说，无论是从商的生意人还是医生或是其他的职业，积累一定的物候、养生知识，对人们的生活和工作都会有很大帮助。惊蛰节气的养生也要根据自然物候现象，自身体质差异进行合理的精神、起居、饮食的调养。而体质差异实际上是指体质养生中因人养生的一个方面，由于人体禀赋于先天，又受后天多种因素的影响，在其生长发育和衰老的过程中，形成了不同的心理、生理功能上的相对稳定的某种特征，这种特征往往又决定着机体对某些致病因素的易感性和病变过程中的倾向性，因此在养生中要因人而异，不能一概而论。

中医所说的体质不同于人们常说的气质。气质是人体在后天因素影响下所形成的精神面貌、性格、行为等心理功能方面的总和，也就是"神"的特征，而体质是形与神的综合反映。二者有着不可分割的内在联系。即体质可以包括气质，但气质不等于体质。

惊蛰时节人体的肝阳之气逐渐升腾，阴血相对不足，养生应顺乎阳气的升发、万物开始生长的特点，使自身的精神、情志、气血也像春天一样舒展畅达，生机盎然。从饮食方面来看，惊蛰时节饮食起居应该顺应肝脏的性质，帮助激发脾气，让五脏平和。应该多吃富含植物蛋白质、维生素的清淡食物，少食动物脂肪类食物。

由于春季与肝相应，如果养生不当就很有可能伤到肝脏。现代流行病学调查同时也证实，惊蛰属于肝病的高发季节。此外，惊蛰过后万物复苏，是春暖花开的季节，同时也是各种病毒和细菌活跃的季节。诸如流感、流脑、水痘、带状疱疹、流行性出血热等在这一节气都易流行暴发，因此要严防此类疾病。

春季万物复苏，应该早睡早起，散步缓行，可以使精神愉悦、身体健康，这概括了惊蛰养生在起居方面的基本要点。

四、春分

1. 春分概况

春分，是昼夜平分的意思，排二十四节气的第四位。这个时候太阳直射赤道，春暖花开，莺飞草长，适宜农作、田间管理和观光出游等。春分，古时又称为"日中""日夜分""仲春之月"，在每年的 3 月 21 日前后，农历日期不固定，这时太阳到达黄经 0 度。春分的意义，一是指一天时间白天黑夜平分，各为 12 个小时；二是因为古时候人们以立春到立夏这一段时间为春季，春分正当春季 3 个月时间的中间，平分了春季。

中国古代将春分分为三候："一候玄鸟至，二候雷乃发声，三候始电。"第一候说的是春分日后，燕子便从南方飞回来了；春分第二候时，下雨时天空就要打雷发出隆隆声；第三候指打雷时有闪电伴随。中国古历中记载，春分的前3天，太阳照射到赤道内。

春分是反映四季变化的节气之一。中国古代习惯以立春、立夏、立秋、立冬表示四季的开始。春分、夏至、秋分、冬至则处于各季的中间。春分这天，太阳光直射赤道，地球各地的昼夜时间相等，所以古代春分、秋分又被称为"日夜分"，民间有"春分秋分，昼夜平分"的谚语。

春分这一天阳光直射赤道，昼夜几乎相等，所不同的是北半球是春天，南半球是秋天，之后阳光直射位置逐渐北移，北半球所得到的太阳辐射逐渐增多，天气一天天变暖，同时白昼逐渐变长，黑夜逐渐变短。

春分节气，我国内蒙古到东北地区常有低压活动和气旋发展，低压移动引导冷空气南下，北方地区多大风和扬沙天气。受冷暖气团交汇影响，会出现连续阴雨和倒春寒天气。

一场春雨一场暖，春雨过后忙耕田。春季大忙季节就要开始了，春管、春耕、春种即将进入繁忙阶段。春分过后，越冬作物进入生长阶段，要加强田间管理。由于气温回升快，需水量相对较大，农民朋友要加强蓄水抗旱。

"二月惊蛰又春分，种树施肥耕地深"。春分也是植树造林的极好时机，在火热的农忙季节，要继续用我们勤劳的双手去绿化祖国，美化环境。

2. 春分趣话

在每年的春分那一天，世界各地都会有数以千万计的人在做"竖蛋"试验。至于竖蛋何以成为"世界游戏"，目前尚难考证。不过它的玩法却简单易行且富有趣味：选择一个光滑匀称、刚生下四五天的新鲜鸡蛋，轻手轻脚地在桌子上把它竖起来。虽然失败者颇多，但成功者也不少。春分成了竖蛋游戏的最佳时光，故有"春分到，蛋儿俏"的说法，竖立起来的蛋儿好不风光。

春分这一天为什么鸡蛋容易竖起来？虽然说法很多，但其中的科学道理还真不少。首先，春分是南北半球昼夜都一样长的日子，呈 66.5 度倾斜的地球地轴与地球绕太阳公转的轨道平面处于一种力的相对平衡状态，有利于竖蛋。其次，春分正值春季的中间，不冷不热，花红草绿，人心舒畅，思维敏捷，动作利索，易于竖蛋成功。更重要的是，鸡蛋壳高低不平，有许多突起的点，这些点状似小山。"山"高 0.03 毫米左右，山峰之间的距离在 0.5~0.8 毫米。根据三点构成一个三角形和决定一个平面的道理，只要找到 3 个"小山"和由这 3 个"小山"构成的三角形，并使鸡蛋的重心线通过这个三角形，那么这个鸡蛋就能竖立起来了。此外，最好要选择生下 4～5 天的鸡蛋，这是因为此时鸡蛋的蛋黄素带松弛，蛋黄下沉，鸡蛋重心下降，有利于鸡蛋的竖立。

3. 春分习俗

（1）春分祭日

在周代，春分有祭日仪式，这个习俗历代相传。到了清代的时候，春分祭奠太阳、秋分祭祀月亮已经成为国家的盛大典礼，一般的官员和普通老百姓还不能擅自祭祀。

古代帝王的祭日场所大多设在京郊。北京在元代时就建有日坛，现在北京的这座日坛建于 1530 年。它被正方形的外墙围护，每次祭祀之前皇帝要来到北坛门内的具服殿休息，然后更衣到朝日坛行祭礼。朝日坛在整个建筑的南部，坐东朝西，这是因为太阳从东方升起，人要站在西方向东方行礼的缘故。墙内正中用白石砌成一座方台，叫作拜神坛，明代建成时，坛面用红色琉璃砖砌成，以象征大明神太阳，这本是一种非常富有浪漫色彩的布置，但到清代却改用方砖铺坛面，使日坛逊色不少。

祭日虽然比不上祭天与祭地典礼，但仪式也颇为隆重。尤其是明清时期，需要做大量准备，有详细的流程来祭拜。如今的日坛已经告别了祭日敬神的时代，成为人们休闲娱乐的公园。

（2）送春牛

春分时挨家挨户还要送春牛图。春牛图是把二开的红纸或黄纸印上全年农历节气，还要印上农夫耕田图样。送图者都是一些民间善言唱的人，主要说些春耕和吉祥的话，每到一家更是即景生情，见啥说啥，说得天花乱坠，直到主人乐而给钱为止。言词虽随口而出，却句句有韵动听，俗称"说春"，说春人便叫"春官"。后来，人们送春牛时还要举行庆典活动，以示隆重。

（3）粘雀子嘴和放风筝

春分这一天农民都按习俗放假，每家都要吃汤圆，而且要把不用包心的汤圆煮好，用细竹叉扦着置于室外田边地坎，叫"粘雀子嘴"，免得雀子来破坏庄稼。

春分期间还是孩子们放风筝的好时候，尤其是春分当天，甚至大人们也参与。风筝种类很多，样式数不胜数，尤其是山东潍坊，被称为风筝之都。人们放时还要相互竞争看谁放得最好，放得最高。

五、清明

1. 清明简介

清明，是二十四节气的第五个。中国传统的清明节大约始于周代，距今已有 2500 多年的历史。春分 15 天后，是清明节气，这个时候万物都洁齐而清明，此时也正好气清景明，因此得名"清明"。

清明节可以分成三候："一候桐始华，二候田鼠化为鹌，三候虹始见。"意思是在这个时节先是白桐花开放，接着喜阴的田鼠不见了，全回到了地下的洞中，然后是雨后的天空可以见到彩虹了。

清明一到，气温升高，正是春耕春种的大好时节，因此有"清明前后，种瓜种豆"之说。另外，清明节是一个祭祀祖先和逝去亲人的节日，主要形式是扫墓。清明节是在仲春与暮春之交，也就是冬至后的 106 天。2006 年 5 月 20 日，"清明"民俗节日经国务院批准列入第一批国家级非物质文化遗产名录。另外，吟咏清明的诗极多，以唐朝杜牧《清明》一诗最为著名。

2. 清明习俗

清明节的习俗是丰富有趣的，除了讲究禁火、扫墓，还有踏青、荡秋千、踢蹴鞠、打马球、插柳等一系列风俗体育活动。

（1）清明前寒食节禁火

寒食节在清明前一天，这个节日是纪念春秋时的介子推的。关于寒食节，有一个自古相传的民间传说：

相传介子推是当年晋国的贤臣，侍奉公子重耳。晋国发生内乱，公子重耳被迫逃亡国外，介子推不畏艰难困苦跟随重耳流亡，当重耳饿晕过去后，曾经割自己的腿肉熬汤，救活了重耳。重耳做了国君后，开始时还能铭记介子推，但是时间久了，也把他淡忘了。介子推心中十分难受，和其年迈的母亲回到家乡，隐居在山中。

有一天，晋文公发现自己身边少了介子推，想起自己忘了奖赏这个贤臣，非常内疚，亲自跑到他隐居的山中寻找。但是只见山峦重叠，树木葱茏，就是不见介子推的影子。他想，介子推是个孝子，如果放火烧山，他一定会背着母亲出来。于是，晋文公命令放火烧山，三面点火，留下一方供介子推出来。结果大火连烧了三天三夜不熄，但介子推始终没有出来。火熄之后，大家进山才发现介子推和他的老母相抱在一起，被烧死在深山之中的一棵柳树旁。

晋文公望着介子推的尸体哭拜一阵，然后准备安葬他们的遗体，这时突然发现介子推脊梁堵着个树洞，洞里好像有什么东西。晋文公掏出一看，原来是片衣襟，上面题了一首血诗：

> 割肉奉君尽丹心，
> 但愿主公常清明。
> 柳下作鬼终不见，
> 强似伴君作谏臣。
> 倘若主公心有我，
> 忆我之时常自省。
> 臣在九泉心无愧，
> 勤政清明复清明。

晋文公将血书藏入袖中，然后把介子推和他的母亲分别安葬在那棵烧焦的大柳树下。为了纪念介子推，晋文公下令把绵山改为"介山"，在山上建立祠堂，并把放火烧山的这一天定为寒食节，晓谕全国，每年这天禁忌烟火，只吃寒食。

这事传出来，人人尊敬和怀念介子推。以后便在他被烧死的这天纪念他，这天就在每年四月清明节的前一天。由于晋文公的命令，再加上因为介子推是被火烧死的，大家在这天都不忍心举火，宁愿吞吃冷食，所以，这天叫"寒食节"。

因为寒食节要寒食禁火，为了防止寒食冷餐伤身，所以大家会参加一些体育活动，以锻炼身体。因此，这个节日中既有祭扫新坟生离死别的悲酸泪，又有踏青游玩的欢笑声，是一个富有特色的节日。

（2）清明扫墓

清明时节扫墓是对祖先和长辈的缅怀和追思，这个习俗由来已久。至少在秦以前就有了，但那时候不一定是在清明之际。清明扫墓则是到唐代才开始盛行，并相传至今。

清明祭扫仪式本应亲自到墓地去举行，但由于每家经济条件和其他条件不一样，所以祭扫的方式也就有所区别。"烧包袱"是祭奠祖先的主要形式。所谓"包袱"，也叫"包裹"，是指孝顺的后代从阳世寄往"阴间"的"邮包"。过去，南纸店有卖所谓"包袱皮"，即用白纸糊一大口袋。有两种形式：一种是用木刻版，把周围印上梵文音译的《往生咒》，中间印一莲座牌位，用来写上收"钱"亡人的名讳，既是"邮包"又是牌位；另一种是素包袱皮，不印任何图案，中间只贴一蓝签，写上亡人名讳即可，也可以当主牌用。关于包袱里的冥钱，一般是将白纸剪成铜钱的形状，届时或抛撒于野外墓地，或焚化给死者，民间一般将此称为撒纸、烧纸等。现在也有纸做的房子、汽车，甚至还有纸做的手机敬献给逝去的亲人。

由于现在有很多人远离家乡，工作忙碌，不能抽时间回家祭祀，现在还兴起了一种收费代人回家祭拜的做法。关于这种做法，还存在很大争议。

（3）荡秋千

荡秋千是中国古代清明节习俗。秋千，意即揪着皮绳而迁移。它的历史很古老，最早叫千秋，后为了避忌讳，改之为秋千。古时的秋千多用树桠枝为架，再拴上彩带做成。后来逐步发展为用两根绳索加上踏板的秋千。荡秋千不仅可以增进健康，而且可以培养勇敢精神，至今为人们特别是儿童所喜爱。

（4）蹴鞠和马球

鞠是一种皮球，球皮用皮革做成，球内用毛塞紧。蹴鞠，就是用足去踢球。这是古代清明节时人们喜爱的一种游戏，鞠流传了2300多年。相传是黄帝发明的，最初目的是用来训练武士。但据考证，它起源于春秋战国时期的齐国故都临淄，唐宋时期最为繁荣，经常出现"球不离足，足不离球，万人瞻仰"的情景。

（5）踏青

踏青又叫春游，古时叫探春、寻春等。四月清明，春回大地，自然界到处呈现一派生机勃勃的景象，正是郊游的大好时光。我国民间长期保持着清明踏青的习惯。

清明前后，春阳照临，春雨飞洒，种植树苗成活率高、成长快。因此，自古以来，我国就有清明植树的习惯。有人还把清明节叫作"植树节"，植树风俗一直流传至今。1979年，全国人大常委会规定，每年3月12日为我国植树节。这对动员全国各族人民积极开展绿化祖国活动，有着十分重要的意义。

（6）放风筝

放风筝也是清明时节人们所喜爱的活动。每逢清明时节，人们不仅白天放，夜间也放。夜里在风筝下或风筝拉线上挂上一串串彩色的小灯笼，像闪烁的明星，被称为"神灯"。过去，有的人把风筝放上蓝天后，便剪断牵线，任凭清风把它们送往天涯海角，据说这样能除病消灾，给自己带来好运。

（7）插柳

据说，插柳的风俗，是为了纪念"教民稼穑"的农事祖师神农氏的。有的地方，人们把柳枝插在屋檐下，用来预报天气，古代谚语有"柳条青，雨蒙蒙；柳条干，晴了天"的说法。

相传唐代末年黄巢起义时，为了组织和辨别起义人民，规定以"清明为期，戴柳为号"。起义失败后，戴柳的习俗逐渐被淘汰，只有插柳盛行不衰，逐渐演变成清明插柳的习俗。此外，杨柳有着强大的生命力，俗话说："有心栽花花不发，无心插柳柳成荫。"柳条插土就活，插到哪里，活到哪里，年年插柳，处处成荫，这就为清明插柳提供了依据。

清明插柳戴柳还有另外一种说法：以前中国人把清明、七月半和十月朔当成三大鬼节，是百鬼出没讨索的时候，有恩报恩，有仇报仇。人们为防止鬼的侵扰和迫害而插柳戴柳。因为柳在人们的心目中有辟邪的功用，根据佛教的传说，人们认为柳可以退却百鬼，因而称为"鬼怖木"，"柳枝著户上，百鬼不入家"，清明既然是鬼节，并且此时正值柳条发芽时节，人们自然纷纷插柳戴柳以辟邪了。

3. 清明养生

就中医养生来讲，清明也是一个重要的节气。清明时节，天气清爽，也正好处于生机勃勃的春天，因此要在起居、饮食、预防疾病和锻炼身体上做好文章。

（1）起居

清明养生对身体健康有着重要意义，但这个节气中不能对肝脏进补。古人说："春不食肝，夏不食心，秋不食肺，冬不食肾，四季不食脾，如能不食此五脏，乃顺天理。"

因为肝属木，木生火，而火为心，所以清明节气中心脏会过于旺盛，所以这一段时间是高血压的易发期，对此要高度重视。另外，旺木伤金，金为脾，所以这一节气对呼吸系统疾病也要予以高度重视。

清明节尽管"春瘟"流行，但也不可闭门不出，更不能在家坐卧太久。中医认为"久视伤血，久卧伤气，久立伤骨，久行伤筋，久坐伤肉"。应该保持乐观、开朗的心情，经常去森林、河边等空气良好的地方去散步，多呼吸新鲜空气，并应进行适当的体育运动。

另外，清明节气还可能有"倒春寒"，是指初春（一般指3月）气温回升较快，而在春季后期（一般指4月）气温较正常年份偏低的天气现象。长期阴雨天气或频繁的冷空气侵袭，或者持续冷高压控制下晴朗夜晚的强辐射冷却易造成倒春寒。初春气候多变。如果冷空气较强，可使气温猛降至10℃以下，甚至出现雨雪天气。此时经常是白天阳光和煦，早晚却寒气袭人，让人倍觉"春寒料峭"。这种使人难以适应的"善变"天气，就是通常所说的倒春寒，对农业生产和居民生活极易造成不利影响，尤其是对老年人和儿童的身体健康造成不良后果。因此人们衣着要适当，预防感冒。居室装饰避免有毒材料，要经常通风换气。

春季是人们容易犯困的季节，适当的睡眠可消除疲劳，对人体健康有益。但如果睡眠时间过长，不仅消除不了疲劳，还会给人体带来许多害处。有研究发现，每天睡眠10小时的人因心脏病死亡的比例，比只睡7小时的人要高一倍，中风死亡的比例要高3~5倍。这是因为睡眠时血液流动缓慢，从而增加了心脏和脑血管形成血栓的可能性。另一原因，睡眠时间过长，会使肌肉组织错过活动良机，导致肌肉组织松弛，久而久之，人会软弱无力。因此，春天里成年人的睡眠一般情况下一天睡7~8个小时也就足够了。

（2）饮食

清明节气中，不宜食用"发"的食品，如笋、鸡等。可多食些柔肝养肺的食品，如荠菜，益肝和中；山药，健脾补肺；淡菜，益阴，可滋水涵木。

春天，肝阳上亢的老人，特别容易出现头痛、昏眩，这就是祖国传统医学所说的"春气者，诸病在头"。老年慢性气管炎也易在春季发作，饮食防治方法是多吃具有祛痰、健脾、补肾、养肺的食物。

清明，正是冷空气与暖空气交替相遇之际，所以天气一会儿阳光灿烂，一会儿阴雨绵绵，人体常湿困、四肢麻痹。在汤品调理中，要多用利水渗湿和补益、养血、舒筋的药材，如银耳、薏仁、黄芪、山药、桑葚、菊花、杏仁等。

清明要多食种子植物，如燕麦、荞麦、稻米、扁豆、花生、黄豆、葵花子等。种子植物营养丰富，多食清明五谷养生粥（荞麦、燕麦、薏仁）可益肝、除烦、去湿、和胃、滑肠、补虚。

（3）清明养生之防病

春天最美，但哮喘最烦。一方面是由于春季乍寒乍暖，人体易于受凉，另一方面春暖花开，各种花粉和飘浮物也大量浮现，这对一些过敏体质和患有哮喘的人来说并不是一个好消息。

清明还要预防高血压。肝属木，木生火，所以在这个节气中心脏会过于旺盛，是高血压的易发期。

心理疾病在清明节易高发。春天气压较低，加上气温变暖，人体代谢进入旺盛期，容易引起脑分泌激素的紊乱，从而引发各种心理疾病，如吵架、酗酒等。

（4）清明养生之运动

春天是登山的好季节。登山是一项很好的有氧运动，也是一项远距离的长跑，不仅能使心肺功能得到极大的锻炼，还能很快地消耗脂肪，可以加强腿部的肌肉力量。

起床前做几个简单动作，振奋心情。春天的气候总是让人身心疲惫、昏昏欲睡。所以，我们每日早晨起床前几个简单易行的动作，不但有助于使全天精力充沛，提高工作效率，而且有益于增强身体素质，促进身心健康和延年益寿。

六、谷雨

1. 谷雨概况

农历每年 4 月 20 日前后为谷雨，这个时节雨水增多，大大有利于谷类作物的生长。

古时候人们将谷雨分成三候："一候萍始生；二候鸣鸠拂其羽；三候戴胜降于桑。"意思是说谷雨后降雨量增多，浮萍开始生长，接着布谷鸟便开始提醒人们播种了，然后是桑树上开始见到戴胜鸟。

谷雨节气，东亚高空西风急流会再一次发生明显减弱和北移，华南暖湿气团比较活跃，西风带自西向东环流波动比较频繁，低气压和江淮气旋活动逐渐增多。受其影响，江淮地区会出现连续阴雨或大风暴雨。

谷雨节的天气谚语大部分围绕有雨无雨这个中心，如"谷雨阴沉沉，立夏雨淋淋""谷雨下雨，四十五日无干土"等。

值得注意的是，谷雨节气如气温偏高，阴雨频繁，会使三麦病虫害发生和流行。广大农村要根据天气变化，搞好三麦病虫害防治。

2. 谷雨养生

由于谷雨节气后降雨增多，空气中的湿度逐渐加大，此时我们在养生中应遵循自然节气的变化，针对其气候特点进行调养。谷雨节气后是神经痛的发病期，如肋间神经痛、坐骨神经痛、三叉神经痛等。同时由于天气转温，人们的室外活动增加，北方地区的桃花、杏花等开放，杨絮、柳絮四处飞扬，过敏体质的朋友应注意防止花粉症及过敏性鼻炎、过敏性哮喘等。在饮食上应减少高蛋白质、高热量食物的摄取。

3. 谷雨习俗

（1）北方文化习俗

人们有谷雨祭祀文祖仓颉的习俗。"谷雨祭仓颉"，是自汉代以来流传千年的民间传统。相传仓颉造字成功，大大推进了社会的发展，为人类进步带来了光明。这事感动了玉皇大帝，当时正遭灾荒，许多人家无法糊口，他便命天兵天将打开天宫的粮仓下了一场谷子雨，人们终于得救了。

仓颉死后，人们把他安葬在陕西省白水县史官镇北，与桥山黄帝陵遥遥相对，墓门上刻了一副对联："雨粟当年感天帝，同文永世配桥陵。"人们把祭祀仓颉的日子定为下谷雨的那天，也就是现在的谷雨节。

自此之后，每年谷雨节，仓颉庙都要举行传统庙会，会期长达

7~10天。年复一年，成千上万的人们从四面八方来到此地，举行隆重热烈的迎仓颉进庙和盛大庄严的祭奠仪式，缅怀和祭祀文字始祖仓颉。人们扭秧歌，跑竹马，耍社火，表演武术，敲锣打鼓，演大戏，载歌载舞，表达对仓颉的崇敬和怀念。戏班子、商号也来赴会凑兴，热闹非凡。仓颉庙会已经成为当地一个隆重节日。甚至当地人入学拜师、敬惜字、爱喝红豆稀饭、喜住窑洞、祈雨、乞子、祈福禳灾等习俗也都与仓颉有关。

谷雨的河水也非常珍贵。旧时，在西北地区，人们将谷雨的河水称为"桃花水"，传说以它洗浴可消灾避祸。谷雨节人们会以"桃花水"洗浴，举行射猎、跳舞等庆祝活动。

北方有谷雨食香椿的习俗。谷雨前后是香椿上市的时节，这时的香椿醇香爽口，营养价值高，有"雨前香椿嫩如丝"之说。香椿具有提高机体免疫力、健胃、理气、止泻、润肤、抗菌、消炎、杀虫之功效。

谷雨节流行禁杀五毒的习俗。谷雨以后气温升高，病虫害进入高发期，为了减轻虫害对作物及人的伤害，农民一边进田灭虫，一边张贴谷雨贴，进行驱凶纳吉的祈祷。这一习俗在山东、山西、陕西一带十分流行。谷雨贴，属于年画的一种，上面刻绘神鸡捉蝎、天师除五毒形象或道教神符，山东的谷雨贴，一般采用黄表纸制作，以朱砂画出禁蝎符，贴于墙壁或蝎穴处，寄托人们查杀害虫，盼望丰收、安宁的心理。

（2）南方谷雨茶

南方有谷雨摘茶习俗。传说谷雨这天的茶喝了会清火、辟邪、明目等。所以谷雨这天不管是什么天气，人们都会去茶山摘一些新茶回来喝。

谷雨茶也就是雨前茶，是谷雨时节采制的春茶，又叫二春茶。春季温度适中，雨量充沛，加上茶树经半年冬季的休养生息，使春梢芽叶肥硕，色泽翠绿，叶质柔软，富含多种维生素和氨基酸，使春茶滋味鲜活，香气怡人。谷雨茶除了嫩芽外，还有一芽一嫩叶的或一芽两嫩叶的：一芽一嫩叶的茶叶泡在水里像展开旌旗的古代的枪，被称为旗枪；一芽两嫩叶则像一个雀类的舌头，称为雀舌。谷雨与清明茶同为一年之中的佳品。一般雨前茶价格比较经济实惠，水中造型好、口感上也不比明前茶逊色。茶客通常都更追捧谷雨茶。

中国茶叶学会等有关部门倡议将每年农历"谷雨"这一天作为"全民饮茶日"，并举行各种和茶有关的活动。茶农们说，真正的谷雨茶就是谷雨这天采的鲜茶叶做的干茶，而且要上午采的。民间还传说真正的谷雨茶能让死人复活，肯定很多人听说过，但这只是传说。可想这真正的谷雨茶在人们心目中的分量有多高。茶农们那天采摘来做好的茶都是留起来自己喝或用来招待客人，他们在泡茶的时候会颇为炫耀地对客人说，这是谷雨那天做的茶哦。言下之意，只有贵客来了才会拿出来给你喝。茶叶行家们说出的道理则更让人信服，理由有两个：一是谷雨茶受气温影响，发育充分，叶肥汁满，汤浓味厚，远比清明前茶耐泡；二是价格优惠，物有所值，适合老百姓的消费水准。一般情况下，清明节一过，绿茶茶价下降得就比较快，等到谷雨前后一个星期，就到了市民们的心理价位，那些茶客们往往瞅准这个时机，挑些质优价好的这段时间出产的茶藏了自己慢慢喝，以备一年的品茗之需。所以，这一点是茶客们的老经验，到这个时候，看到好茶就要下手了，因为这段时间的茶价是比较稳定的，等时间一过，就没有好茶卖了。

第二节　烈日炎炎似火烧——夏之节气

春天的脚步逐渐远去，炎热多雨的夏天向我们走来了。夏天是动植物生长最旺盛的季节，包括立夏、小满、芒种、夏至、小暑和大暑。

一、立夏

1. 立夏概况

立夏在每年 5 月 5 日或 5 月 6 日。这个时候，太阳黄经为 45 度，万物都已经长大，所以叫立夏。在天文学上，立夏表示即将告别春天，是夏天的开始。人们习惯上都把立夏当作温度明显升高，炎暑将临，雷雨增多，农作物进入旺季生长的一个重要节气。

立夏节气，在战国末年（公元前 239 年）就已经确立了，预示着春季到百般季的转换。立夏时节，春天播种的植物已经直立长大了。实际上，若按气候学的标准，日平均气温稳定升达 22℃以上才是夏季的开始，"立夏"前后，我国只有福州到南岭一线以南地区才真的进入"绿树浓荫夏日长，楼台倒影如池塘"的夏季，而东北和西北的部分地区这时则刚刚进入春季，全国大部分地区平均气温在 18~20℃，正是"万紫千红总是春"的仲春和暮春季节。进入了 5 月，很多地方槐花也正开。

立夏时节，万物繁茂。这时夏收作物进入生长后期，冬小麦扬花灌浆，油菜接近成熟，夏收作物年景基本定局。水稻栽插以及其他春播作物的管理也进入了大忙季节。所以，我国古代很重视立夏节气。据记载，周朝时，立夏这天，帝王要亲率文武百官到郊外"迎夏"，并指令司徒等官去各地勉励农民抓紧耕作。

我国古代将立夏分为三候："一候蝼蝈鸣，二候蚯蚓出，三候王瓜生。"即说这一节气中首先可听到蝼蝈在田间的鸣叫声（一说是蛙声），接着大地上便可看到蚯蚓掘土，然后王瓜的蔓藤开始快速攀爬生长。

在这时节，青蛙开始聒噪着夏日的来临，蚯蚓也忙着帮农民们翻松泥土，乡间田埂的野菜也都彼此争相出土日日攀长。清晨当人们迎着初夏的霞光，漫步于乡村田野、海边沙滩时，你会从这温和的阳光中感受到大自然的深情。

中国古代天文历法与二十四节气

2. 立夏习俗

（1）斗蛋游戏

立夏这天的中午，家家户户煮好囫囵蛋（鸡蛋带壳清煮，不能破损），用冷水浸上数分钟之后再套上早已编织好的丝网袋，挂于孩子颈上。孩子们便三五成群，进行斗蛋游戏。蛋分两端，尖者为头，圆者为尾。斗蛋时蛋头斗蛋头，蛋尾击蛋尾。一个一个斗过去，破者认输，最后分出高低。蛋头胜者为第一，蛋称大王；蛋尾胜者为第二，蛋称小王或二王。谚称："立夏胸挂蛋，孩子不疰夏"。疰夏是夏日常见的腹胀厌食，乏力消瘦，小孩尤易疰夏。

（2）立夏"称人"

立夏吃罢中饭还有称人的习俗。人们在村口或台门里挂起一杆大木秤，秤钩悬一凳子，大家轮流坐到凳子上面称。司秤人一面打秤花，一面讲着吉利话。称老人要说"秤花八十七，活到九十一"。称姑娘说"一百零五斤，员外人家找上门。勿肯勿肯偏勿肯，状元公子有缘分"。宣称小孩则说"秤花一打二十三，小官人长大会出山。七品县官勿犯难，三公九卿也好攀"。打秤花只能里打出（即从小数打到大数），不能外打里。古诗也说："立夏称人轻重数，秤悬梁上笑喧闺。"

立夏日"称人"的习俗主要流行于我国南方，起源于三国时代：民间相传诸葛亮与孟获和刘阿斗的故事有关。据说孟获被诸葛亮收服，归顺蜀国之后，对诸葛亮言听计从。诸葛亮临终嘱托孟获每年要来看望蜀主一次。诸葛亮嘱托之日，正好是这年立夏，孟获当即去拜阿斗。从此以后，每年夏日，孟获都依诺来蜀拜望。过了数年，晋武帝司马炎灭掉蜀国，掳走阿斗。而孟获不忘丞相所托，每年立夏带兵去洛阳看望阿斗，每次去则都要称阿斗的重量，以验证阿斗是否被晋武帝亏待。他扬言如果亏待阿斗，就要起兵反晋。晋武帝为了迁就孟获，就在每年立夏这天，用糯米加豌豆煮成中饭给阿斗吃。阿斗见豌豆糯米饭又糯又香，就加倍吃下。孟获进城称人，每次都比上年重几斤。阿斗虽然没有什么本领，但有孟获立夏称人之举，晋武帝也不敢欺侮他，日子也过得清静安乐，福寿双全。这一传说，虽与史实有异，但百姓希望的即是"清静安乐，福寿双全"的太平世界。立夏称人会给阿斗带来福气，人们也祈求上苍给他们带来好运。

（3）立夏吃食

旧时，乡间用赤豆、黄豆、黑豆、青豆、绿豆五色豆拌合白粳米煮成"五色饭"，后演变为倭豆肉煮糯米饭，菜有苋菜黄鱼羹，称吃"立夏饭"。用红茶或胡桃壳煮蛋，称"立夏蛋"，相互馈送。用彩线编织蛋套，挂在孩子胸前，或挂在帐子上。小孩以斗立夏蛋作戏，以蛋壳坚而不碎为赢。也有以五色丝线为孩子系手绳的，称"立夏绳"。

立夏这天，宁波习俗要吃"脚骨笋"，用乌笋烧煮，每根三四寸长，不剖开，吃时要拣两根相同粗细的笋一口吃下，说吃了能"脚骨健"（身体康健）。再是吃软菜（君踏菜），说吃后夏天不会生痱子，皮肤会像软菜一样光滑。

福建闽东地区立夏以吃"光饼"（面粉加少许食盐烘制而成）为主。闽东周宁、福安等地将光饼入水浸泡后制成菜肴，而蕉城、福鼎等地则将光饼剖成两半，将炒熟了的豆芽、韭菜、肉、糟菜等夹而食之。

（4）立夏禁忌

立夏日还有忌坐门槛之说。清代的《太湖县志》记载说，立夏这天坐门槛，夏天里会疲倦多病。20世纪30年代《宁国县志》中记载："立夏的时候，用秤来称人体轻重，免除疾病，这就是所说的不害怕夏天。俗传立夏的时候坐门槛，那么人会一年精神不振。"

由于我国地大物博，各地区习俗千奇百怪，但人们的寓意基本一致，就是做好过渡，大吉大利地过好夏天。

3. 立夏养生窍门

立夏前后，我国大部分地区平均气温在18℃~20℃，正是"百般红紫斗芳菲"的大好时节。立夏以后，天气转热，传统中医认为，"暑易伤气""暑易入心"。因此，值此时节，人们要重视精神的调养，加强对心脏的保养，尤其是老年人要有意识地进行精神调养，保持神清气和、心情愉快的状态，切忌大悲大喜，以免伤心、伤身和伤神。

传统中医认为，人们在春夏之交要顺应天气的变化，重点关注心脏。心为阳脏，主阳气。心脏的阳气能推动血液循环，维持人的生命活动。心脏的阳热之气不仅维持其本身的生理功能，而且对全身有温养作用，人体的水代谢、汗液调节等，都与心脏的重要作用分不开。

初夏的时候，老年人气血容易停滞，血脉经常被阻塞，每天清晨可吃少许葱头，喝少量的酒，促使气血流通，心脉无阻，便可预防心病发生。立夏之后，天气逐渐转热，饮食宜清淡，应该以易消化、富含维生素的食物为主，大鱼大肉和油腻辛辣的食物要少吃。立夏以后饮食原则是"春夏养阳"，养阳重在养心，养心可多喝牛奶，多吃豆制品、鸡肉、瘦肉等，既能补充营养，又起到强心的作用。平时多吃蔬菜、水果及粗粮，可增加纤维素、维生素的供给，能起到预防动脉硬化的作用。

一个人如果正气充足，抵抗疾病的能力就强，身体就健康。反之，气虚血虚，脏腑虚弱，邪气侵入，身体就会患病。因此立夏之季要养心，为安度酷暑做准备，使身体各脏腑功能正常，以达到正气充足，邪不入侵的效果。

二、小满

1. 小满简介

小满紧随立夏之后，是第 8 个节气，在每年的 5 月 21 日前后。

小满的时候，全国北方地区麦类等夏熟作物籽粒已开始饱满，但还没有成熟，约相当于乳熟后期，所以叫小满。

古人也将小满分为三候："一候苦菜秀，二候靡草死，三候麦秋至"。从气候特征来看，在小满节气到下一个芒种节气期间，全国各地都渐次进入夏季，南北温差进一步缩小，降水进一步增多。

2. 小满的灾害和防治

小满以后，黄河以南到长江中下游地区开始出现35℃以上的高温天气，应注意防暑工作。

从气候特征来看，小满时节中国大部分地区已相继进入夏季，南北温差进一步缩小，降水进一步增多，自然界的植物都比较丰满和茂盛，小麦的籽粒逐渐饱满，小满时夏收作物已接近成熟，春播作物生长旺盛，进入了夏收、夏种、夏管三夏大忙时期。在此期间全国的麦区应该抓紧麦田病虫害的防治。对华北而言有"小满不满，麦有一险"之说，意思是说华北地区，冬小麦长到小满时，就进入成熟阶段，这时最怕干热风袭击。此时，华北地区雨季未到，又处于干旱时，由于日射强烈，地面增温很快，当形成气温高达30℃，最小相对湿度小于或等于30%，风速每秒3~4米或大于3~4米的干热天气时，所刮的风就是干热风。干热风对开花到乳熟期间的小麦危害极大。它加速作物的蒸发量，使作物体内的水分很快蒸发出去，破坏叶绿素，停止作物的光合作用，使其茎叶很快枯萎，因而籽粒干瘪、皮厚、腹沟深，粒重下降，一般减产5%~10%，严重的减产30%以上。

预防干热风，应尽量采用早熟品种，遇到干热风时要尽快浇水，喷洒草木灰水，比例是1斤草木灰兑水5斤，每亩喷40~50斤。也有喷洒石油助长剂的：助长剂1两兑水100斤，喷洒后能提高叶片含水量，增强保水能力，加强光合作用，减弱呼吸强度，能防御干热风。此外，提前施氮肥，灌浆时控制使用氮肥，基肥里增加磷肥，都有利于小麦灌浆，对防御干热风有一定的效果。另外，小满时期已经进入雷雨大风的多发时段，各地应该时刻注意天气预报，尽量避免上述灾害性天气带来的损失。

3. 小满饮食习俗

小满节气之后更是疾病容易出现的时候。建议人们要有"未病先防"的养生意识，从增强机体的正气和防止病邪的侵害这两方面入手。中国历来讲究食补，人们在小满也有自己的饮食习俗。

"春风吹，苦菜长，荒滩野地是粮仓"。苦菜是中国人最早食用的野菜之一。古书曾记载："小满之日苦菜秀。"《诗经》说"采苦采苦，首阳之下"。据说当年薛平贵之妻王宝钏为了活命曾在寒窑吃了 18 年苦苦菜。旧社会农民每年夏天青黄不接之时，要靠苦苦菜来充饥。"苦苦菜，带苦尝，虽逆口，胜空肠"。当年红军长征途中，曾以苦苦菜充饥，渡过了一个个难关，江西苏区有歌谣唱：苦苦菜，花儿黄，又当野菜又当粮，红军吃了上战场，英勇杀敌打胜仗。苦苦菜被誉为"红军菜""长征菜"。

苦苦菜遍布全国，医学上叫它败酱草，宁夏人叫它"苦苦菜"，陕西人叫它"苦麻菜"，李时珍称它为"天香草"。中国美食家聂凤乔 1958 年在宁夏发现了开黄花的苦苦菜，名字叫"甜苦菜"，其叶片大，茎秆脆，苦中带甜。与常见的开蓝色花朵的苦苦菜相比，有很多优点。

苦苦菜，苦中带涩，涩中带甜，新鲜爽口，清凉嫩香，营养丰富，含有人体所需要的多种维生素、矿物质、胆碱、糖类、核黄素和甘露醇等，具有清热、凉血和解毒的功能。医学上多用苦苦菜来治疗热症，古人还用它醒酒。宁夏人喜欢把苦菜烫熟，冷淘凉拌，调以盐、醋、辣油或蒜泥，清凉辣香，吃馒头、米饭，使人食欲大增。也有用黄米汤将苦苦菜腌成黄色，吃起来酸中带甜，脆嫩爽口。有的人还将苦苦菜用开水烫熟，挤出苦汁，用以做汤、做馅、热炒、煮面，各具风味。

三、芒种

1. 芒种概况

芒种是二十四节气的第九个，在每个 6 月 6 日前后，太阳到达黄经 75 度。"芒种"字面的意思是有芒的麦子快收，有芒的稻子可种。此时中国长江中下游地区将进入多雨的黄梅时节。

芒种，是农作物成熟的意思。春争日，夏争时，"争时"即指这个时节的收种农忙。人们常说"三夏"大忙季节，即指忙于夏收、夏种和春播作物的夏管。所以，"芒种"也称为"忙种""忙着种"，是农民朋友播种、下地最为繁忙的时期。

我国古代将芒种分为三候："一候螳螂生，二候鹏始鸣，三候反舌无声。"在这一节气中，螳螂在去年深秋产的卵因感受到阴气初生而破壳生出小螳螂；喜阴的伯劳鸟开始在枝头出现，并且感阴而鸣；与此相反，能够学习其他鸟鸣叫的反舌鸟，却因感应到了阴气的出现而停止了鸣叫。

2. 芒种气候和农事

对我国大部分地区来说，芒种一到，夏熟作物要收获，夏播秋收作物要下地，春种的庄稼要管理，收、种、管交叉，是一年中最忙的时候。小麦的成熟期短，收获的时间性强，天气的变化对小麦最终产量的影响极大。这时沿江多雨，黄淮平原也即将进入雨季，芒种前后若连遇阴雨天气及风、雹等，往往使小麦不能及时收割等，将眼看到手的庄稼毁于一旦。必须抓紧一切有利时机，抢割、抢运、抢脱粒。一般而言，夏播作物播种期在麦收后越早越好，以保证到秋前有足够的生长期。

芒种后，我国华南东南季风雨带稳定，是一年中降水量最多的时节。长江中下游地区先后进入梅雨季节，雨水多，雨量大，日照少，有时还伴有低温。芒种时节，水稻、棉花等农作物生长旺盛，需水量大，适中的梅雨对农业生产十分有利；梅雨过迟或梅雨过少甚至"空梅"的年份作物会受到干旱的威胁。但若梅雨过早，雨水过多，长期阴雨寡照，对农业生产也有不良影响，尤其是雨量过于集中或暴雨还会造成洪涝灾害。

3. 芒种养生

芒种节气里，气温升高降水多，空气湿度增加后，体内汗液无法通畅地发散出来。湿热之下，人难免感到四肢困倦、萎靡不振。在日常生活中，专家教你几招健身防病的方法。

（1）多补水，要午休

我国有些地方有谚语说："芒种夏至天，走路要人牵，牵的要人拉，拉的要人推。"这形象地表现了人们在这个时节的懒散。医生提醒，首先要使自己的精神保持轻松、愉快的状态。夏日昼长夜短，午休可助恢复精神，有利于健康。芒种时气候开始炎热，是消耗体力较多的季节，要注意补充水分，多喝水。

（2）药浴

芒种过后，午时天热，人易出汗，衣衫要勤洗勤换。为避免中暑，芒种后要常洗澡。但须注意的一点是，在出汗时不要立即洗澡，中国有句老话"汗出不见湿"，若"汗出见湿，乃生痤疮"。洗浴以药浴最能达到健身防病之目的。药浴的方法多种多样。作为保健养生则以浸浴为主。芒种时节以五枝汤（桂枝、槐枝、桃枝、柳枝、麻枝）沐浴最佳，即先将等量药物用纱布包好，加10倍于药物的清水，浸泡20分钟，然后煎煮30分钟，再将药液倒入浴水内，即可浸浴。

（3）饮食要清淡

饮食调养方面，唐代的孙思邈提倡人们"常宜轻清甜淡之物，大小麦曲，粳米为佳"，又说："善养生者常须少食肉，多食饭。"在强调饮食清补的同时，告诫人们食勿过咸、过甜。在夏季人体新陈代谢旺盛，汗易外泄，耗气伤津之时，宜多吃能祛暑益气、生津止渴的饮食。老年人因机体功能减退，热天消化液分泌减少，心脑血管不同程度地硬化，饮食宜清补为主，辅以清暑解热、护胃益脾和具有降压、降脂功能的食品。

4. 芒种习俗

（1）送花神

农历二月二花朝节上迎花神。芒种已近5月间，百花开始凋残、零落，民间多在芒种日举行祭祀花神仪式，饯送花神归位，同时表达对花神的感激之情，盼望来年再次相会。这个习俗现在已经不存在了，但从小说家曹雪芹的《红楼梦》第二十七回中可窥见一斑："（大观园中）那些女孩子们，或用花瓣柳枝编成轿马的，或用绫锦纱罗叠成千旄旌幢的，都用彩线系了。每一棵树上，每一枝花上，都系了这些物事。满园里绣带飘飘，花枝招展，更兼这些人打扮得桃羞杏让，燕妒莺惭，一时也道不尽。""千旄旌幢"中"千"是盾牌的意思；旄、旌、幢都是古代的旗子，旄是旗杆顶端缀有牦牛尾的旗，旌与旄相似，不同之处在于它由五彩折羽装饰，幢的形状为伞状。由此可见大户人家在芒种节为花神饯行的热闹场面。

（2）安苗

安苗是皖南的农事习俗活动，开始于明代初期。每到芒种时节，种完水稻，为了祈求秋天有个好收成，各地都要举行安苗祭祀活动。家家户户用新麦面蒸发包，把面捏成五谷六畜、瓜果蔬菜等形状，然后用蔬菜汁染上颜色，作为祭祀供品，祈求五谷丰登、家人平安。

（3）打泥巴仗

贵州东南部一带的侗族青年男女，每年芒种前后都要举行打泥巴仗活动。当天，新婚夫妇由要好的男女青年陪同，集体插秧，边插秧边打闹，互扔泥巴。活动结束，检查战果，身上泥巴最多的，就是最受欢迎的人。

（4）煮梅

在南方，每年五六月是梅子成熟的季节、三国时有"青梅煮酒论英雄"的典故。青梅含有多种天然优质有机酸和丰富的矿物质，具有净血、整肠、降血脂、消除疲劳、美容、调节酸碱平衡、增强人体免疫力等独特营养保健功能。但是，新鲜梅子大多味道酸涩，难以直接入口，需加工后方可食用，这种加工过程便是煮梅。

四、夏至

1. 夏至简介

夏至是二十四节气中最早被确定的一个节气，也是二十四节气中的第十个节气。早在公元前 7 世纪，古人采用土圭测日影，就确定了夏至。每年的夏至从 6 月 21 日前后开始，至 7 月 7 日前后结束。在北半球，每年农历 6 月 21 日或 22 日。夏至这天太阳直射地面的位置到达一年的最北端，几乎直射北回归线，北半球的白昼达最长，且越往北越长。但过了夏至之后，白昼就越来越短，所以民间有"吃过夏至面，一天短一线"的说法。夏至这天虽然白昼最长，太阳角度最高，但并不是一年中天气最热的时候。因为，接近地表的热量，这时还在继续积蓄，并没有达到最多的时候。俗话说"热在三伏",真正的暑热天气是以夏至和立秋为基点计算的。在七月中旬到八月中旬,我国各地的气温均为最高,有些地区的最高气温可达40℃左右。

夏至,古时又称"夏节""夏至节"。古时候的夏至日,人们通过祭神以祈求灾消年丰。周代夏至祭神,是为了祈求清除疫疠、荒年与饥饿死亡;西汉夏至日的时候,用歌舞来祭拜大地;夏至作为古代节日,宋代在夏至之日始,百官放假3天;辽代的夏至日号称朝节,妇女用彩扇,并且相互赠送粉脂囊;清代的时候,人们在夏至这天敬谨戒慎,有很多忌讳,如不能理发等,这个时候还要吃面食,表示对神的尊敬。

我国古代将夏至分为三候:"一候鹿角解;二候蝉始鸣;三候半夏生。"麋与鹿虽然属于同一科,但我国古人认为,二者一属阴一属阳。鹿的角朝前生,所以属阳。夏至日阴气生而阳气始衰,所以阳性的鹿角便开始脱落。而麋因为属阴性,所以在冬至日角才脱落。雄性的知了在夏至后就会感受到阴气于是便鼓翼而鸣。由此可见,在炎热的仲夏,一些喜阴的生物开始出现,而阳性的生物却开始衰退了。

我国民间把夏至后的15天分成3"时",一般头时3天,中时5天,末时7天。这期间我国大部分地区气温较高,日照充足,作物生长很快,生理和生态需水均较多。此时的降水对农业产量影响很大,有"夏至雨点值千金"之说。一般年份,这时长江中下游地区和黄淮地区降水一般可满足作物生长的要求。

夏至虽表示炎热的夏天已经到来,但还不是最热的时候,夏至后的一段时间内气温仍继续升高,再过二三十天,就到最热的天气了。

2. 夏至习俗

(1)山东地区的饮食习俗

夏至日是我国最早的节日,清代之前的夏至日全国官吏放假一天,要回家与亲人团聚畅饮。从中医理论讲,夏至是阳气最旺的时节,养生要顺应夏季阳盛于外的特点,注意保护阳气,也要注意发散阳气。所以夏至这天山东各地普遍要吃凉面条，俗称过水面，有"冬至饺子夏至面"的谚语。

莱阳一带夏至日尝新麦，龙口一带则煮新麦粒吃，儿童们用麦秸编一个精致的小笊篱，在汤水中一次一次地向嘴里捞，既吃了麦粒，又是一种游戏，很有农家生活的情趣。

夏至后第三个庚日为初伏，第四个庚日为中伏，立秋后第一个庚日为末伏，总称伏日。伏日期间人们食欲不振，往往比平常消瘦，就是大家所说的"苦夏"。山东有的地方吃生黄瓜和煮鸡蛋来治"苦夏"，入伏的早晨吃鸡蛋，不吃别的食物。

夏至伏日，山东民间都要改善饮食，胶东东部都吃面条，招远吃水饺，无棣习惯吃面条、豆汤和面旗子，邹城喜欢喝冰水，有的人还到峄山山洞里避暑。临沂地区有给牛改善饮食的习俗，夏至伏日煮麦仁汤给牛喝，据说牛喝了身子壮，能干活，不淌汗。入伏后是种秋菜的季节，有"头伏萝卜，二伏菜，三伏还能种荞麦"的谚语。

（2）岭南夏至习俗

狗肉本来是中国人的肉类主食，后来有一个赵姓的皇帝属狗，才禁止吃狗肉，因为吃狗肉就是吃皇帝。清朝时期满族人做皇帝，而清朝官员不吃狗肉，想禁而没法禁。只是中国人后来吃狗肉的人慢慢地少了下来，因而吃狗肉从中国人的肉类主食变成了肉类副食。

夏至吃狗肉和荔枝，是岭南一带的人以借名想吃的"专利"。广东和广西等地区的人是非常喜欢吃夏至的狗肉和荔枝的。据说夏至日的狗肉和荔枝合吃不热，有"冬至鱼生夏至狗"的说法，故此夏至吃狗肉和荔枝的习惯延续到今。

广东人一直以来就有喜吃狗肉的习俗，尤其在阳江地区。而据有关资料记载，夏至杀狗补身，相传源于战国时期秦德公即位次年，6月酷热，疫疠流行。秦德公便按"狗为阳畜，能辟不祥"的说法，命令臣民杀狗避邪，后来形成夏至杀狗的习俗。"立夏日，吃补食"的民谣，也说明补食从立夏就开始了。

关于夏至食狗肉的风俗，岭南民间有"夏至狗，没路走"的俗语，意思是夏至这天，许多狗被杀掉，没路可逃。民间有一种说法是，狗肉性温，大补元气，属性燥热，仅适宜秋冬季节食用，夏天吃狗肉会上火，外热加上内热，对身体不利。但夏至这天例外，夏至这天吃了狗肉，不但不会对身体引起不适，反而会对身体有益，这大概是相生相克的道理吧！当然，夏至吃狗肉，也应适可而止，不要吃得太多，以免引起消化不良等肠胃病。

现今随着生活水平的提高和保护动物意识的增强，人们逐渐选择更为合理和健康的做法来度过炎热的夏天。夏天为了滋补凉食避暑，广东居民普遍煲清补凉汤、鲫鱼黑豆汤等，煮红豆沙、绿豆沙、小米粥、西米粥、白果粥、凉粉、莲子羹、豆腐花、番薯汤等，饮银耳木瓜糖水、凉豆浆、甘蔗水、凉茶、酸梅汤等比较传统而且十分清甜的食物。而且夏天食物多调醋、少盐、少姜、少蒜、味清淡，以粉面、瘦肉、青菜、瓜类等为主，不仅口感十分好，而且非常健康。

3. 夏至防暑

在农历夏至后第三个庚日即进入伏天。此时天气炎热，人们食欲不振，开始消瘦。民间开始偷闲消夏，注意饮食补养，官府也停止办公事。

防暑主要注重两个方面：

首先是饮食方面，要多吃冷食、凉食、瓜果。古代的斗茶、凉汤都是极好的防暑品。苏州立夏节喝"七家茶"，小孩要吃"猫狗饭"。同时多饮食凉粉、酸梅汤，服用冰块。早在周代已有掌冰的官吏和冰窖设备（近代在曾侯乙墓出土冰鉴，其以冰柜的形式一直沿用到近代），冬季贮冰，夏季食用。商业繁华的宋代就有人当街列凳售冰饮，明清时期有刨冰。清朝在立夏这一天，赏赐文武大臣冰块。此时又是瓜季，人们坐在瓜棚下乘凉，品尝西瓜。西瓜、苦瓜都是清热消暑食品，是夏至季节的佳品。

另外，夏季蚊虫繁殖，雨水多，易感染痢疾等肠道疾病，因此在夏令饮食中有吃大葱、大蒜习俗。明代李时珍认为大蒜能通五脏，祛寒湿，避邪恶，消肿痛，帮助消化积累的食物和肉类。此外，凉亭赏夏也是人们盛夏中进行的一项防暑活动。

夏至后入伏，有初伏、中伏、末伏之分，三伏天是一年之中最炎热的时期，容易中暑、生病。因此，旧时在这时多驱鬼以求安，同时也讲究中午歇晌，讲究吃补食。此外，还要特别注意防暑。尽管如此，夏天对人体体力的消耗也是较大的，因为吃不好，睡不实，受到炎热的煎熬。北方有一个风俗，即定期为小孩称体重，看看他的体重是否增加或减少，以观察儿童的生长情况。

其次是利用防暑工具，例如，雨伞、扇子、凉帽、凉席、竹夫人等。

扇子起源很早，先为农业生产的扬谷工具和扇火用的厨具，后来才加以改进，变成防暑驱热的凉具，再演变为戏曲用具。周代就有扇风取凉的羽扇，马王堆汉墓出土了长柄扇。民间的扇子因地而异，有芭蕉扇、蒲扇、羽扇、绢扇等，唐代以后才出现了纸制折扇。

古代夏至的卧具则为普遍利用各种纤维质料制成的凉席，如藤席、篾席、竹席、象牙丝编制席等。此外，古代流行的瓷枕，也是一种防暑卧具。也有用竹枕的，即竹夫人，又称百花娘子、竹姬、青奴。在《吴友如画宝》中的一幅"竹妖入梦"图中，就绘有一男子卧于床上，抱着竹夫人入梦乡的情景。由于夏天白天长、炎热，入夜又难眠，各地都提倡睡午觉。

由于天气炎热，人们也喜欢在夏天进行游泳、戏水、养金鱼、捕蛙、捉鱼、捉鳝鱼、夏猎等活动。

4. 夏季养生

夏季的养生也是很有讲究的。古人认为夏季要神清气和，快乐欢畅，心胸宽阔，精神饱满，如万物生长需要阳光那样，对外界事物要有浓厚的兴趣，培养乐观外向的性格，以利于气机的通泄。与此相反，凡是懈怠厌倦，恼怒忧郁，就会阻碍生机循环，都是不健康的。嵇康对炎炎夏季有其独到之见，认为夏季炎热，要心静自然凉，这就是夏季养生法中的精神调养。

起居调养，以顺应自然界阳盛阴衰的变化，宜晚睡早起。夏季炎热，"暑易伤气"。若汗泄太过，令人头昏胸闷，心悸口渴，恶心甚至昏迷。安排室外工作和体育锻炼时，应避开烈日炽热之时，加强防护。合理安排午休时间，一为避免炎热之势，二可减轻疲劳之感。

每日温水洗澡也是值得提倡的健身措施，不仅可以洗掉汗水、污垢，使皮肤清洁凉爽，消暑防病，而且能起到锻炼身体的目的。因为，温水冲澡时的水压及机械按摩作用，可使神经系统兴奋性降低，体表血管扩张，加快血液循环，改善肌肤和组织的营养，降低肌肉张力，消除疲劳，改善睡眠，增强抵抗力。另外，夏日炎热，腠理开泄，易受风寒湿邪侵袭，睡眠时不宜扇类送风，有空调的房间，室内外温差不宜过大，更不宜夜晚露宿。

运动调养也是养生中不可缺少的因素之一。夏季运动最好选择在清晨或傍晚天气较凉爽时进行，场地宜选择在河湖水边、公园庭院等空气新鲜的地方，有条件的人可以到森林、海滨地区去疗养、度假。锻炼的项目以散步、慢跑、太极拳、广播操为好，不宜做过分剧烈的活动，若运动过激，可导致大汗淋漓，汗泄太多，不但伤阴气，也易损阳气。在运动锻炼过程中，出汗过多时，可适当饮用淡盐开水或绿豆盐水汤，切不可饮用大量凉开水，更不能立即用冷水冲头、淋浴，否则会引起寒湿痹证、黄汗等多种疾病。

五、小暑

1. 小暑概况

小暑是二十四节气的第 11 个节气，每年 7 月 7 日前后视太阳到达黄经 105 度时为小暑。暑表示炎热的意思，小暑为小热，还不十分热。意指天气开始炎热，但还没到最热，全国人部分地区都基本符合。

这时江淮流域梅雨即将结束，盛夏开始，气温升高，并进入伏旱期；而华北、东北地区进入多雨季节，热带气旋活动频繁，登陆我国的热带气旋开始增多。小暑后南方应注意抗旱，北方须注意防涝。全国的农作物都进入了苗壮成长阶段，需加强田间管理。

我国古代将小暑分为三候："一候温风至，二候蟋蟀居宇，三候鹰始鸷。"小暑时节大地上便不再有一丝凉风，而是所有的风中都带着热浪；由于小暑炎热，蟋蟀离开了田野，到庭院的墙脚下以避暑热；在这一节气中，老鹰因地面气温太高而在清凉的高空中活动。

2. 小暑气候与农事

小暑前后，除东北与西北地区收割冬、春小麦等农作物外，农业生产方面主要是忙着田间管理了。

小暑开始，江淮流域梅雨先后结束，我国东部淮河、秦岭一线以北的广大地区开始了来自太平洋的东南季风雨季，降水明显增加，且雨量比较集中；华南、西南、青藏高原也处于来自印度洋和我国南海的西南季风雨季中；而长江中下游地区则一般为副热带高压控制下的高温少雨天气，常常出现的伏旱对农业生产影响很大，及早蓄水防旱显得十分重要。农谚说："伏天的雨，锅里的米。"这时出现的雷雨、热带风暴或台风带来的降水虽对水稻等作物生长有利，但有时也会给棉花、大豆等喜旱作物及蔬菜造成不利影响。

在有些年份，小暑前后北方冷空气势力仍较强，在长江中下游地区与南方暖空气流势均力敌，出现锋面雨。小暑时节的雷雨常是"倒黄梅"的天气信息，预示着雨带还会在长江中下游维持一段时间。

小暑前后，华南西部进入暴雨最多季节，常年7、8两月的暴雨日数可占全年的75%以上。在地势起伏较大的地方，常有山洪暴发，甚至引起泥石流。但在华南东部，小暑以后因常受副热带高压控制，多连晴高温天气，开始进入伏旱期。我国南方大部分地区这一东旱西涝的气候特点，与农业丰歉关系很大，必须及早分别采取抗旱、防洪措施，尽量减轻危害。

时至小暑，绿树浓荫，人们已经能感觉到明显的炎热。南方地区小暑时平均气温为26℃左右，已是盛夏，颇感炎热，但还未到最热的时候。常年7月中旬，华南东南低海拔河谷地区，可开始出现日平均气温高于30℃、日最高气温高于35℃的集中时段，这对杂交水稻抽穗扬花不利。除了事先在农作布局上充分考虑这个因素外，已经栽插的要采取相应的补救措施。在西北高原北部，此时仍可见霜雪，相当于华南初春时节景象。

3. 小暑养生

小暑是人体阳气最旺盛的时候，"春夏养阳"。所以人们在工作劳动之时，要注意劳逸结合，保护人体的阳气。

"热在三伏"，此时正是进入伏天的开始。"伏"即伏藏的意思，所以人们应当少外出以避暑气。民间渡过伏天的办法，就是吃清凉消暑的食品。俗话说"头伏饺子二伏面，三伏烙饼摊鸡蛋"。这种吃法便是为了使身体多出汗，排出体内的各种毒素。

天气热的时候要喝粥，喝用荷叶、土茯苓、扁豆、薏米、泽泻、木棉花等材料煲成的消暑汤或粥，或甜或咸，非常适合此节气食用，多吃水果也有益于防暑，但是不要食用过量，以免增加肠胃负担，严重的会造成腹泻。

民间还有"冬不坐石，夏不坐木"的说法。小暑过后，气温高、湿度大。久置露天里的木料，如椅凳等，经过露打雨淋，含水分较多，表面看上去是干的，可是经太阳一晒，温度升高，便会向外散发潮气，在上面坐久了，能诱发痔疮、风湿和关节炎等疾病。所以，尤其是中老年人，一定要注意不能长时间坐在露天放置的木料上。

4. 小暑与"六月六"

每年小暑正值阴历六月初六，也就是我们经常说的"六月六"。六月六是农历中非常重要，也是夏季很受重视的一个民俗节日。在此日我国很多地区流行晒衣物、人畜沐浴、请姑姑等风俗习惯。

（1）"六月六，请姑姑"

古时候，每逢农历六月初六，各家各户都要请已出嫁的姑娘回娘家，好好款待一番。关于请姑姑的习俗，还要从古代春秋时期的一个故事说起。

相传，这个习俗是根据春秋时期有名的相国狐偃的故事改编而来的：春秋时期，出现了大国争霸的局面，在春秋五霸中，晋国是继齐国之后又一个争得霸主地位的国家。当时的晋主是晋文公，而晋文公的周围集结了一大批贤臣良相，狐偃就是其中的良相之一。狐偃是晋文公的舅舅，他随晋文公重耳出亡时，已逾花甲之年，但仍不辞劳苦，辅佐保护重耳，为他出了很多计策，使重耳最终得以返回晋国，终成宏图霸业。公子重耳继位后，拜狐偃为相。但狐偃因此居功自傲，其儿女亲家、同为晋国功臣的赵衰直言指责他的败行，反被气死。狐偃的女婿欲在六月初六狐偃生日这天暗中将他杀掉，并和其妻子狐偃的女儿相商。狐偃的女儿见丈夫要杀自己的父亲，于心不忍，暗中返回娘家偷偷告诉她的母亲。此时，狐偃于放粮中亲眼看见百姓疾苦，自己也有所醒悟，回家又听到女婿的预谋，更加悔痛，于是幡然悔悟，翁婿和好，倍加亲善。为了记住这个教训，狐偃每年六月初六都要请女儿、女婿回来，征求意见，了解民情。这一做法后来传到民间，老百姓个个争相效仿，也都在六月初六请回闺女，取其中的改过、解怨、免灾去难的意思，后来人们世代相传，成为传统习俗。

（2）"六月六晒伏"

因为这一天差不多是在小暑的前夕，为一年中气温最高、日照时间最长、阳光辐射最强的日子，所以家家户户会不约而同地选择这一天"晒伏"，就是把存放在箱柜里的衣服晾到外面接受阳光的暴晒，以去潮、去

湿、防霉、防蛀。

（3）小暑六月六的吃食

六月初六为"天贶节"。据史书记载，此节始于宋代哲宗元符四年。"贶"即"赐"，即天赐之节，是宋代皇帝在伏天向臣属赐"冰麦少"和"炒面"之日，故称天贶节。

小暑节气正值入伏前后，天气已经很热，但还没到最热。头伏吃饺子是传统习俗，伏日人们食欲不振，往往比常日消瘦，就是我们平常所说的苦夏，而饺子在传统习俗里正是开胃解馋的食物。山东有的地方吃生黄瓜和煮鸡蛋来治苦夏，入伏的早晨吃鸡蛋，不吃别的食物。

徐州人入伏吃羊肉，称为"吃伏羊"。这种习俗可上溯到尧舜时期，在民间有"彭城伏羊一碗汤，不用神医开药方"的说法，彭城即现在的徐州，徐州人对吃伏羊的喜爱可以从当地一个民谣中看出：六月六接姑娘，新麦饼羊肉汤。

伏日吃面习俗至少三国时期就已开始了。魏氏《春秋》就已经记载了，但当时叫作"汤饼"，就是热汤面。六月伏日吃汤饼，用来辟恶，因为五月是恶月，六月沾边儿也应辟恶。

伏日还可吃过水面、炒面。所谓炒面是用锅将面粉炒干炒熟，然后用水加糖拌着吃。这种吃法汉代已有，唐宋时更为普遍，不过那时是先炒熟麦粒，然后再磨成面吃掉。古代医学家认为炒面不仅可以解除烦热燥气，还可以止泻。

另外山东临沂地区有给牛改善饮食的习俗。伏日煮麦仁汤给牛喝，据说牛喝了身子壮，能干活，不淌汗。

六、大暑

1. 大暑简介

大暑，二十四节气排行第12。在每年的7月23日前后，太阳到达黄经120度。这时正值"中伏"前后，是一年中最热的时期，气温最高，农作物生长最快,大部分地区的旱、涝、风灾也最为频繁,抢收抢种、抗旱排涝防台风和田间管理等任务很重。

我国古代将大暑分为三候:"一候腐草为萤,二候土润溽暑,三候大雨时行。"现在萤火虫有 2000 多种,分水生与陆生,陆生的萤火虫产卵于枯草上,大暑时,萤火虫破卵而出,所以古人认为萤火虫是腐草变成的;第二候是说天气开始变得闷热,土地也很潮湿;第三候是说时常会有大的雷雨出现,这大雨使暑湿减弱,天气开始向立秋过渡。

2. 大暑气候

一般说来,大暑节气是华南一年中日照最多、气温最高的时期,是华南西部雨水最丰沛、雷暴最常见、30℃以上高温日数最集中的时期,也是华南东部35℃以上高温出现最频繁的时期。

大暑前后气温高本是气候正常的表现,因为较高的气温有利于大春作物扬花灌浆。但是气温过高,农作物生长反而受到抑制,水稻结实率会明显下降。华南西部入伏后,光、热、水都处于一年的高峰期,三者互为促进,形成对大春作物生长的良好气候条件,但是需要注意防洪排涝。华南东部这时高温长照却往往与少雨相伴出现,不仅会限制光热优势的发挥,还会加剧伏旱对大春作物的不利影响。为了抗御伏旱,除了前期要注意蓄水以外,还应该根据华南东部的气候特点,改进作物栽培措施,以趋利避害。

大暑时节既是喜温作物生长速度最快的时期,也是乡村田野蟋蟀最多的季节,我国有些地区的人们茶余饭后有以斗蟋蟀为乐的风俗。大暑也是雷阵雨最多的季节,有谚语说:"东闪无半滴,西闪走不及。"意谓在夏天午后,闪电如果出现在东方,雨不会下到这里,若闪电在西方,则大雨很快就会到来,要想躲避都来不及。人们也常把夏季午后的雷阵雨称为"西北雨",说明雷阵雨常常是这边下雨那边晴,正如唐代诗人刘禹锡的诗句:"东边日出西边雨,道是无晴却有晴。"

盛夏高温对农作物生长十分有利,但对人们的工作、生产、学习、生活却有着明显的不良影响。一般来说，在最高气温高于35℃的炎热日子里，中暑的人明显较多；而在最高气温达37℃以上的酷热日子里，中暑的人数会急剧增加。特别是在副热带高压控制下的长江中下游地区，骄阳似火，风小，湿度大，更叫人感到闷热难当。全国闻名的长江沿岸三大火炉城市南京、武汉和重庆，平均每年炎热日就有17~34天之多，酷热日也有3~14天。其实，比"三大火炉"更热的地方还有很多，如安庆、九江、万县等，其中江西的贵溪、湖南的衡阳、四川的开县等地全年平均炎热日都在40天以上，整个长江中下游地区就是一个大"火炉"，做好防暑降温工作显得尤其重要。另外，夏季多种作物害虫活跃，在高温下施药防治更要特别注意个人防护，避免发生食物中毒事故。

3. 大暑养生

大暑是全年温度最高、阳气最盛的时节。在养生保健中常有"冬病夏治"的说法，故对于那些每逢冬季发作的慢性疾病，如慢性支气管炎、肺气肿、支气管哮喘、腹泻、风湿痹症等阳虚症，大暑是最佳的治疗时机。有上述慢性病的人，在夏季养生中尤其应该细心调养，重点防治。

（1）饮食

俗话说"小暑不算热，大暑三伏天"。高温和潮湿是大暑时节的主要气候特点。大暑期间饮食要特别注意，这时节可多吃消暑清热、化湿健脾的食品。

大暑期间，市民应该多吃丝瓜、西兰花和茄子等当季蔬菜。大暑天气酷热，出汗多，脾胃功能相对较差。这时人会感觉比较累和食欲不振。而淮山有补脾健胃、益气补肾的作用。多吃淮山一类益气养阴的食品，可以促进消化、改善腰膝酸软，使人感到精力旺盛。

高血压或糖尿病患者，吃南瓜就是最好的选择。南瓜富含维生素、蛋白质和多种氨基酸，而且以碳水化合物为主，脂肪含量很低，多吃有助于降低血糖和血脂。另外，南瓜还能排毒养颜，爱美的女士当然不能错过。

俗语说"冬吃萝卜夏吃姜"。吃姜有助于驱除体内寒气，大家可以尝试一下子姜炒牛肉、子姜炒木耳等菜式。但吃姜的时间也有讲究，最好不要在晚上吃，"晚上吃姜赛砒霜"。

冬补三九，夏补三伏。家禽肉的营养成分主要是蛋白质，其次是脂肪、微生物和矿物质等，相对于家畜肉而言，是低脂肪高蛋白的食物，其蛋白质也属于优质蛋白。鸡、鸭、鸽子等家禽都是大暑进补的上选。民间有一传统的进补方法，就是大暑吃童子鸡。童子鸡，是指还不会打鸣，生长刚成熟但未配育过的小公鸡；或饲育期在 3 个月内体重达 1 斤至 1 斤半、未曾配育过的小公鸡，后来也有专门的品种称为童子鸡。童子鸡体内含有一定的生长激素，对处于生长发育期的孩子以及激素水平下降的中老年人都有很好的补益作用。

（2）注意事宜

锻炼中或锻炼后应该补充足够的水分。如果锻炼者出现头痛、呕吐、眩晕、视觉模糊、虚弱、出汗过多或无汗等症状时，应立即停止锻炼或去医院检查。

心脑血管病患者度夏要小心，天气炎热同样容易引起心脑血管类疾病发作。心脑血管病患者一定不要从炎热的环境突然走进低温房间；每天的6~11 点，这一段时间里人的血压会上升，心跳会加快，心脑血管病患者要避免在这期间的剧烈活动。

冲凉水澡会加重痱子。在夏天孩子爱出痱子，一些家长喜欢用洗凉水澡的方法给孩子去痱子。不过专家指出：如果用凉水为宝宝擦拭会使皮肤毛细血管骤然收缩，汗液排泄不畅，反而会使痱子加重。家长应该使用略高于人体皮肤温度的水给孩子洗澡。洗完澡后，不能马上给孩子搽痱子粉等爽身用品，因为痱子粉会与汗液混合，堵塞毛孔，同样也会引起或加重痱子。

4. 大暑习俗

（1）台州大暑节

送"大暑船"是台州椒江葭芷一带的民间习俗。相传清代同治年间，葭芷一带常有病疫流行，尤其是在大暑节前后最为厉害。当时有名望的人以为这是"五圣"的原因（相传五圣为张元伯、刘元达、赵公明、史文业、钟仕贵等五位，都是凶神）。于是人们在葭芷江边建了一座五圣庙，乡人有病时就向五圣祈祷，许愿给他们，祈求驱病消灾，事后以猪羊等供奉还愿。葭芷地处椒江口附近，沿江渔民很多，为了保一方平安，于是他们决定在大暑节集体供奉五圣，并用渔船将供品沿江送至椒江口外，奉献给五圣享用，来表达渔民的虔诚之心，并希望五圣保佑，这就是送大暑船之初衷。

大暑送"大暑船"活动在浙江台州沿海已有几百年的历史。"大暑船"完全按照旧时的三桅帆船缩小比例后建造，船内载各种祭品。活动开始后，渔民轮流抬着"大暑船"在街道上行进，鼓号喧天，鞭炮齐鸣，街道两旁站满祈福的人群。"大暑船"最终被运送至码头，进行一系列祈福仪式。随后，这艘"大暑船"被渔船拉出渔港，然后在大海上点燃，任其沉浮，以此期望人们五谷丰登、生活安康。

送大暑船活动以后逐渐演变成葭芷附近一带的节日盛会。大暑节到来之前，各方人士就开始准备，组织者请木工赶造船只烧香求神。还愿谢罪者、做买卖的生意人、民间艺人、戏班演员等从四面八方来葭芷。一时葭芷街头人来人往，熙熙攘攘，煞是热闹。

（2）莆田大暑

在大暑节那天，莆田人家有吃荔枝、羊肉和米糟的习俗，叫作"过大暑"。荔枝是莆田特产，其中如宋家香、状元红、"十八娘红"等是优良品种，古今驰名。在大暑节前后，荔枝已是满树流丹、飘香十里。荔枝含有多量的葡萄糖和多种维生素，有一定营养价值，所以吃鲜荔枝可以滋补身体。古老相传：大暑节那天，先将鲜荔枝浸于冷井水之中，大暑节时刻一到，取出它，仔细品尝。这时刻吃荔枝，最惬意、最滋补。于是，有人说大暑吃荔枝，其营养价值和吃人参一样高。

温汤羊肉是莆田独特的风味小吃和高级菜肴之一。把羊宰后，去毛卸脏，整只放进滚烫的锅里翻烫，捞起放入大陶缸中，再把锅内的滚汤注入，浸泡一定时间后取出上市。吃时，把羊肉切成片片，肉肥美脆嫩，味鲜可口。羊肉性温补，食用、药用（配合药物）都大有益处。大暑节那天早晨，羊肉上市，供不应求。

米糟是将米饭拌和白米曲，让它发酵，透熟成糟；到大暑那天，把它分成一块块，加些红糖煮食，据说可以"大补元气"。

在大暑节那天，莆田人亲友之间，常以荔枝、羊肉为互赠的礼品。大暑节气是大热天，人们为什么偏要吃这些都是属于热性的食物呢？据医家称，大暑节气是在梅雨季节刚过后不久的月份，此时天气虽热，但暑主阴，人体容易为暑气、湿气和邪气所侵，甚至发病。吃了这些食物，能增强机体抗病的能力，以驱除暑、湿。

（3）广东大暑

广东有大暑吃仙草的习俗。仙草又叫凉粉草、仙人草，唇形科仙草属草本植物，是重要的药食两用植物资源。由于其神奇的消暑功效，被誉为"仙草"。仙草茎叶晒干后可以做成烧仙草，广东一带叫凉粉，是一种消暑的甜品。仙草本身也可入药，六月大暑吃仙草，活如神仙不会老。烧仙草也是台湾著名的小吃之一，有冷、热两种吃法。烧仙草的外观和口味均类似粤港澳地区流行的另一种小吃——龟苓膏，同样具有清热解毒的功效，但这款食品孕妇忌吃。

（4）台湾大暑节

大暑节台湾周围的海域大多布满暖水鱼群，东北海域有鱿鱼，基隆外海有小卷、赤宗，彰化海域则有黄鳍鲷等。台湾民谚"大暑吃凤梨"，说的是这个时节的凤梨最好吃。另外六月十五是"半年节"，由于农历六月十五是全年的一半，所以在这一天拜完神明后全家会一起吃"半年圆"，半年圆是用糯米磨成粉再和上红面搓成的，大多会煮成甜食来品尝，象征意义是团圆与甜蜜。

第三节　黄色大地丰收时——秋之节气

"秋"字由禾与火字组成，是禾谷成熟的意思。"秋"就是指暑去凉来，意味着秋天的开始。秋季包括立秋、处暑、白露、秋分、寒露、霜降6个节气，是由热转凉，再由凉转寒的过渡性季节。

一、立秋

1.立秋概况

立秋，是二十四节气中的第13个节气，每年8月8日或9日立秋。到了立秋，梧桐树开始落叶，因此才有"落一叶而知秋"的成语。每年8月7日前后太阳到达黄经135度时为立秋。立秋一般预示着炎热的夏天即将过去，秋天即将来临。立秋后虽然一时暑气难消，还有"秋老虎"的余威，立秋又称交秋，但总的趋势是天气逐渐凉爽。由于全国各地气候不同，秋季开始时间也不一致。气候学上以每5天的日平均气温稳定下降到22℃以下的始日作为秋季开始，这种划分方法比较符合各地实际，但与黄河中下游立秋日期相差较大。立秋以后，我国中部地区早稻收割，晚稻移栽，大秋作物进入重要生长发育时期。古人把立秋当作夏秋之交的重要时刻，一直很重视这个节气。

我国古代将立秋分为三候："一候凉风至，二候白露生，三候寒蝉鸣。"是说立秋过后，刮风时人们会感觉到凉爽，此时的风已不同于暑天中的热风；接着，大地上早晨会有雾气产生；并且秋天感阴而鸣的寒蝉也开始鸣叫。

据记载，宋代立秋这天宫内要把栽在盆里的梧桐移入殿内，等到"立秋"时辰一到,太史官便高声奏道:"秋来了。"启奏完毕后,梧桐应声落下一两片叶子,以寓报秋之意。

大暑之后,时序到了立秋。秋天是肃杀的季节,预示着秋天的到来。从这一天开始,天高气爽,月明风清,气温由热逐渐下降。立秋是凉爽季节的开始。但由于我国地域辽阔,幅员广大,纬度、海拔、高度不同,实际上是不可能在立秋这一天同时进入凉爽的秋季的。从其气候特点看,立秋由于盛夏余热未消,秋阳肆虐,特别是在立秋前后,很多地区仍处于炎热之中,故素有"秋老虎"之称。气象资料表明,这种炎热的气候往往要延续到9月的中下旬,天气才真正能凉爽起来。

立秋日对农民朋友显得尤为重要,如果立秋日天气晴朗,必定可以风调雨顺地过日子,农事不会有旱涝之忧,可以坐等丰收。此外,还有"七月秋样样收,六月秋样样丢""秋前北风秋后雨,秋后北风干河底"的说法。也就是说,农历七月立秋,五谷可望丰收,如果立秋日在农历六月,则五谷不熟必致歉收;立秋前刮起北风,立秋后必会下雨,如果立秋后刮北风,则本年冬天可能会发生干旱。

在我国封建社会时期,还有立秋迎秋之俗,每到此日,封建帝王们都亲率文武百官到城郊设坛迎秋。此时也是军士们开始勤操战技,准备作战的季节。由此可见立秋日作为一个节日是如此的重要。

2. 立秋养生

立秋是进入秋季的初始,古人告诫人们,顺应四时养生要知道春生夏长秋收冬藏的自然规律,要想达到延年益寿的目的就要顺应、遵循这个自然规律。整个自然界的变化是循序渐进的过程,立秋的气候是由热转凉的交接节气,也是阳气渐收、阴气渐长、由阳盛逐渐转变为阴盛的时期,是万物成熟收获的季节,也是人体阴阳代谢出现阳消阴长的过渡时期。因此秋季养生,凡是精神情志、饮食起居、运动锻炼都要以养收为原则,具体来说,应该做到以下几点:

①精神调养:要做到内心宁静,神志安宁,心情舒畅,切忌悲忧伤

感。即使遇到伤感的事，也应主动予以排解，以避肃杀之气，同时还应收敛神气，以适应秋天容平之气。

②起居调养：立秋之季已是天高气爽之时，应该开始"早卧早起，与鸡俱兴"。早卧可以顺应阳气的收敛，早起可以使肺气得到舒展，并且预防收敛太过。立秋处在初秋，暑热还未消散，虽然有时候有一些凉风，但天气变化无常，即使在同一地区也会出现"一天有四季，十里不同天"的情况，因而穿衣不宜太多，否则会影响机体对气候转冷的适应能力，容易受凉感冒。

③饮食调养：酸味收敛肺气，辛味发散泻肺，而秋天宜收不宜散，所以要尽量少吃葱、姜等辛味之品，适当多食酸味果蔬。秋季燥气较盛，容易伤津液，所以饮食应以滋阴润肺为宜。更有主张入秋适宜喝生地粥以滋阴润燥者。总之，秋季时节，可以适当食用芝麻、糯米、粳米、蜂蜜、枇杷、菠萝、乳品等柔润食物，达到益胃生津的效果。

④运动调养：进入秋季，是开展各种运动锻炼的大好时机，每人可根据自己的具体情况选择不同的锻炼项目，总之要因人而异。这里介绍一种秋季养生功，即《道藏·玉轴经》所记载的"秋季吐纳健身法"，具体做法是：清晨洗漱后，于室内闭目静坐，先叩齿36次，再用舌在口中搅动，待口里液满，漱练几遍，分3次咽下，并意送至丹田，稍停片刻，缓缓做腹式深呼吸。吸气时，舌舔上腭，用鼻吸气，用意送至丹田。再将气慢慢从口中呼出，呼气时要默念哂字，但不要出声，如此反复30次。秋季坚持做这个健身法，有保肺健身的功效。

3. 立秋习俗

（1）贴秋膘

民间流行在立秋这天以悬秤称人，将体重与立夏时对比。因为人到夏天，本就没有什么胃口，饭食清淡简单，两三个月下来，体重大都要减少一点。秋风一起，胃口大开，想吃点好的，增加一点营养，补偿夏天的损失，补的办法就是"贴秋膘"：在立秋这天吃各种各样的肉，炖肉、烤肉、红烧肉等，叫作"以肉贴膘"。

（2）啃秋

城里人在立秋当日买个西瓜回家，全家围着啃，就是"啃秋"了，而农民的啃秋则豪放得多。他们在瓜棚里，在树荫下，三五成群，席地而坐，抱着红瓤西瓜啃，抱着绿瓤香瓜啃，抱着白生生的山芋啃，抱着金黄黄的玉米棒子啃。啃秋表达的，实际上是一种丰收的喜悦。

（3）秋社

秋社原是秋季祭祀土地神的日子，始于汉代，后世将秋社定在立秋后第五个戊日。这个时候人们已经收获完毕，官府与民间都要在这天祭神答谢。宋代秋社有食糕、饮酒、妇女归宁的习俗。现在我国的一些地方至今仍流传有"做社""敬社神""煮社粥"的说法。

二、处暑

1. 处暑概况

处暑节气在每年 8 月 23 日前后，此时太阳到达黄经 150 度，处暑在二十四节气中排名第 14。处暑意思是炎热的夏天即将过去了。虽然处暑前后我国大部分地区气温仍在 22℃以上，处于夏季。但是这时冷空气南下次数增多，气温下降逐渐明显。

我国古代将处暑分为三候："一候鹰乃祭鸟；二候天地始肃；三候禾乃登。"处暑节气中，老鹰开始大量捕猎鸟类；天地间万物开始凋零；"禾乃登"的"禾"指的是黍、稷、稻、粱类农作物，"登"即成熟的意思。

2. 处暑气候

处暑是反映气温变化的一个节气。"处"含有躲藏、终止的意思，"处暑"表示炎热的暑天结束了。也就是说炎热的夏天即将过去，到此为止了。全国的天气各不相同，大致如下。

（1）北方气温下降明显，秋高气爽

8 月底到 9 月初的处暑节气，气温开始走低。在开始影响我国的冷高压控制下形成的下沉的、干燥的冷空气，先是宣告了我国东北、华北、西北雨季的结束，率先开始了一年之中最美好的秋高气爽天气。但每当冷空气影响我国时，若空气干燥，往往带来刮风天气，若大气中有暖湿气流输送，往往形成一场像样的秋雨。每每风雨过后，特别是秋雨过后，人们会感到较明显的降温，故有"一场秋雨（风）一场寒"之说。北方南部的江淮地区，还有可能出现较明显的降水过程。气温下降明显，昼夜温差加大，雨后艳阳当空，人们往往对夏秋之交的冷热变化不适应，一不小心就容易引发呼吸道、肠胃炎、感冒等疾病，故有"多事之秋"的说法。

（2）南方感受"秋老虎"

夏季称雄的副热带高压，虽说大步南撤，但绝不肯轻易让出主导权、轻易退到西太平洋的海上。在它控制的南方地区，刚刚感受一丝秋凉的人们，往往在处暑尾声再次感受高温天气，这就是名副其实的"秋老虎"。如果"出伏"以后继续出现"秋老虎"，往往容易形成夏秋连旱，使秋季防火期大大提前，需要格外警惕。需要说明的是，长江中下游地区往往在"秋老虎"天气结束后，才会迎来秋高气爽的小阳秋，不过要到10月以后了。

（3）华南、西南、华西——雷暴活动较多

进入9月，雷暴活动不及炎夏那般活跃，但华南、西南和华西地区雷暴活动仍较多。在华南，由于低纬度的暖湿气流还比较活跃，因而产生的雷暴比其他地方多；而西南和华西地区，由于处在副热带高压边缘，加之山地的作用，雷暴的活动也比较多。

进入9月，我国大部开始进入少雨期，而华西地区秋雨偏多。它是我国西部地区秋季的一种特殊的天气现象。华西秋雨的范围，除渭水和汉水流域外，还包括四川、贵州大部、云南东部、湖南西部、湖北西部一带发生的秋雨。"华西秋雨"的主要特点是雨日多，而另一个特点是以绵绵细雨为主，所以雨日虽多，雨量却不很大，一般要比夏季少，强度也弱。

3. 处暑养生

处暑过后天气转凉，中午热，早晚凉，昼夜形成较大的温差。"一场秋雨一层凉"的气候特征明显。昼热夜凉的气候，对人之阳气的收敛形成了良好的条件。所以处暑之时，人们的养生应注意以下几个方面。

（1）起居

依照自然界规则，秋天阴气增、阳气减，对应人体的阳气也随着内收，因而要贮存体内阳气。然而，随着天气转凉，很多人会有懒洋洋的疲劳感，早上不爱起，白天不爱动，这就是"春困秋乏"中所指的"秋乏"。要保证充足睡眠，改掉夏季的晚睡习惯，争取晚上 10 点前入睡，以比夏天增加 1 小时睡眠为好，并保证早睡早起。另外，适当午睡也利于化解秋乏。

同时，各个年龄段的人群还应加强锻炼。锻炼的方法以经常进行登山、散步、做操等简单运动为好。伸懒腰也可缓解秋乏，特别是下午感到特别疲乏，伸个懒腰就会马上觉得全身舒展。室内养些植物，如盆栽柑橘、吊兰、斑马叶橡皮树、文竹等绿色植物，可以调节室内空气，增加氧含量。绿萝这类叶大且喜水的植物也可以养在卧室内，使空气湿度保持在最佳状态。客厅适宜养常春藤、无花果、猪笼草等。

（2）饮食

夏天结束了，就意味着秋季的开始。这个时期，气候逐渐干燥，身体里肺经当值，因此中医认为"肺气太盛可克肝木，故多酸以强肝木"。所以再过一些日子，山楂就要下来了，是时令的水果，大家可以多吃一些。秋天要多吃些滋阴润燥的食物，避免燥邪伤害。保持饮食清淡，不吃或少吃辛辣烧烤食物，少吃油腻的肉食，多吃含维生素的食物，多吃碱性食物，适量增加优质蛋白质的摄入。

为防"秋燥"，在饮食调理方面应注意少食辛辣煎炸等热性食物，多吃蔬菜和水果。秋燥是指人在秋季感受燥邪而发生的疾病。病邪从口鼻侵入，起初即有津气干燥的症状，如鼻咽干燥、干咳少痰、皮肤干燥等，人体极易受燥邪侵袭而伤肺，出现口干咽燥、咳嗽少痰等各种秋燥病症。而多数蔬菜和水果性寒凉，有生津润燥、清热通便的功效，且含大量水分，果蔬还富含维生素及无机盐、纤维素，正好可以改变燥气对人体造成的不良影响。但食用新鲜果蔬一定要适量。此外，还应多喝水，以保持肺脏与

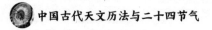

呼吸道的正常湿润度。

（3）个人情绪和运动

秋天主"收"，因此，情绪要慢慢收敛，凡事不躁进亢奋，也不畏缩郁结，心要清明，要保持安静，在时令转变中，维持心性平稳，注意身、心、息的调整，才能保生机元气。

秋天，秋高气爽，适合户外运动。可根据个人的体质，做一些登山、慢跑、郊游等户外运动，但要多注意滋脾补筋，因为秋天金容易克木，而肝是主筋的。所以，要注意不要剧烈运动，并做好准备活动，避免伤筋。

4. 处暑习俗

（1）出游迎秋

处暑节气前后的民俗多与祭祖及迎秋有关。处暑前后民间会有庆祝中元的民俗活动，俗称"作七月半"或"中元节"。时至今日，已成为祭祖的重大活动时段。此外，处暑之后，秋意渐浓，正是人们畅游郊野、迎秋赏景的好时节。处暑过，暑气止，就连天上的那些云彩也显得疏散而自如，而不像夏天大暑之时浓云成块。民间向来就有"七月八月看巧云"之说，其间就有出游迎秋的意思。

（2）放河灯

河灯也叫"荷花灯"，一般是在底座上放灯盏或蜡烛，中元夜放在江河湖海之中，任其漂浮。放河灯是为了普度水中的落水鬼和其他孤魂野鬼。萧红《呼兰河传》中的一段文字，是这种习俗的最好注脚："七月十五是个鬼节；死了的冤魂怨鬼，不得托生，缠绵在地狱里非常苦，想托生，又找不着路。这一天若是有个死鬼托着一盏河灯，就得托生。"

（3）开渔节

对于沿海渔民来说，处暑以后是渔业收获的时节。每年处暑期间，在浙江省沿海都要举行一年一度的隆重的开渔节，在东海休渔结束的那一天，举行盛大的开渔仪式，欢送渔民开船出海。2011年第十四届中国开渔节于9月16日在浙江省象山县举行。这时海域水温依然偏高，鱼群还是会停留在海域周围，鱼虾贝类发育成熟。因此，从这一时间开始，人们往往可以享受到种类繁多的海鲜。

三、白露

1. 白露概况

白露在二十四节气中排第 15。每年公历的 9 月 7 日前后是白露。此时气温开始下降，天气转凉，早晨草木上有了露水。我国古代将白露分为三候："一候鸿雁来；二候玄鸟归；三候群鸟养羞。"说此节气鸿雁与燕子等候鸟南飞避寒，百鸟开始贮存干果粮食以备过冬，可见白露实际上是天气转凉的象征。

白露是九月的头一个节气。露是由于温度降低，水汽在地面或近地物体上凝结而成的水珠。所以，白露实际上是表征天气已经转凉。这时，人们就会明显地感觉到炎热的夏天已过，而凉爽的秋天已经到来了。因为白天的温度虽然仍达三十多摄氏度，可是夜晚之后，就下降到二十多摄氏度，两者之间的温度差达十多摄氏度。阳气是在夏至达到顶点，物极必反，阴气也在此时兴起。到了白露，阴气逐渐加重，清晨的露水随之日益加厚，凝结成一层白白的水滴，所以就称之为白露。俗语云："处暑十八盆，白露勿露身。"这两句话的意思是说，处暑仍热，每天需用一盆水洗澡，过了 18 天，到了白露，就不要赤膊露体了，以免着凉。

华南二十四节气的气候中，白露有着气温迅速下降、绵雨开始、日照骤减的明显特点，深刻地反映出由夏到秋的季节转换。华南常年白露期间的平均气温比处暑要低 3℃左右，大部地区平均气温先后降至 22℃以下。按气候学划分四季的标准，时序开始进入秋季。

白露节气是真正的凉爽季节的开始，很多人在调养身体时一味地强调海鲜肉类等营养品的进补，而忽略了季节性的易发病，给自己和家人造成了机体的损伤，影响了学习和工作。在此要提醒大家的是，在白露节气中要避免鼻腔疾病、哮喘病和支气管病的发生。特别是对于那些因体质过敏而引发的上述疾病，在饮食调节上更要慎重。凡是因过敏引发的支气管哮喘的病人，平时应少吃或不吃鱼虾海鲜、生冷炙烩腌菜、辛辣酸咸甘肥的食物，宜食清淡、易消化且富含维生素的食物。现代医学研究表明，高钠盐饮食能增加支气管的反应性；在很多地区，哮喘的发病率与食盐的销售量成正比，这说明哮喘病人不宜吃得过咸。白露时节，天气转凉，每个人都要随着节气的变化而随时调节饮食结构。

2. 白露食物

（1）白露清茶

"蒹葭苍苍，白露为霜。"到了白露节气，秋意渐浓。旧时南京人十分重视节气的"来"和"去"，逐渐形成了具有南京地方特色的节气习俗。

爱喝茶的老南京都十分青睐"白露茶"，此时的茶树经过夏季的酷热，白露前后正是它生长的极好时期。白露茶既不像春茶那样鲜嫩，不经泡，也不像夏茶那样干涩味苦，而是有一种独特甘醇的清香味，尤受老茶客喜爱。再者，家中存放的春茶已基本消耗得差不多了，此时白露茶正好接上，所以到了白露前后，有的茶客就托人买点白露茶。

（2）白露米酒

江浙一带历来有酿米酒习俗。每年白露节一到，家家酿酒，待客必喝"土酒"。这种酒温中含热，略带甜味，称为"白露米酒"。白露米酒中的精品是"程酒"，是因取程江水酿制而得名。程酒在古代时是贡酒，盛名远扬。程乡即今天的三都、蓼江一带。

白露米酒的酿制除取水、选定节气颇有讲究外，方法也相当独特。先酿制白酒与糯米糟酒，再按1:3的比例将白酒倒入糟酒里，装坛待喝。如制程酒，须掺入适量掺子水（掺子加水熬制），然后入坛密封，埋入地下或者窖藏，也有埋入淤泥中的，待数年乃至几十年才取出饮用。埋藏几十年的程酒色呈褐红，斟酒的时候会出现细丝，易于入口，清香扑鼻，而且后劲极强。在苏南籍和浙江籍的老南京中还有自酿白露米酒的习俗，旧时江浙一带乡下人家每年白露一到，家家酿酒，用来接待客人，经常有人把白露米酒带到城市。直到20世纪三四十年代，南京城的酒店里还卖零散的白露米酒。

四、秋分

1. 秋分概况

秋分的意思有两个：一是太阳在这一天到达黄经 180 度，直射地球赤道，因此这一天 24 小时昼夜均分，各 12 小时；全球无极昼极夜现象。秋分之后，北极附近极夜范围渐大，南极附近极昼范围渐大。二是按我国古代以立春、立夏、立秋、立冬为四季开始的季节划分法，秋分日居秋季 90 天之中，平分了秋季。

我国古代将秋分分为三候："一候雷始收声；二候蛰虫坯户；三候水始涸。"古人认为雷是因为阳气盛而发声，秋分后阴气开始旺盛，所以不再打雷了。按农历来讲，"立秋"是秋季的开始，到"霜降"为秋季终止，而"秋分"正好是从立秋到霜降 90 天的一半。秋分时节，我国长江流域及其以北的广大地区均先后进入秋季，日平均气温都降到了 22℃以下。北方冷气团开始具有一定的势力，大部分地区雨季刚刚结束，凉风习习，碧空万里，风和日丽，秋高气爽，丹桂飘香，蟹肥菊黄。秋分是美好宜人的时节，也是农业生产上重要的节气。秋分后太阳直射的位置移至南半球，北半球得到的太阳辐射越来越少，而地面散失的热量却较多，气温降低的速度明显加快。东北地区降温早的年份，秋分见霜已不足为奇。

从秋分这一天起，气候主要呈现三大特点：阳光直射的位置继续由赤道向南半球推移，北半球昼短夜长的现象将越来越明显，白天逐渐变短，黑夜变长（直至冬至日达到黑夜最长，白天最短）；昼夜温差逐渐加大，幅度高于 10℃以上；气温逐日下降，一天比一天冷，逐渐步入深秋季节。南半球的情况则正好相反。

秋天到了，收获的季节开始了。秋季降温快的特点，使得秋收、秋耕、秋种的"三秋"大忙显得格外紧张。秋分棉花吐絮，烟叶也由绿变黄，正是收获的大好时机。

此时华北地区已开始播种冬小麦，长江流域及南部广大地区正忙着晚稻的收割，抢晴耕翻土地，准备油菜播种。秋分时节的干旱少雨或连绵阴雨是影响"三秋"正常进行的主要不利因素，特别是连阴雨会使即将到手的农作物倒伏、霉烂或发芽，造成严重损失。"三秋"大忙，贵在早字。及时抢收秋收作物可免受早霜冻和连阴雨的危害，适时早播冬作物可争取充分利用冬前的热量资源，培育壮苗安全越冬，为来年奠定丰产的基础。南方的双季晚稻正抽穗扬花，是产量保证的关键时期。早来低温阴雨形成的"秋分寒"天气，是双季晚稻开花结实的主要威胁，必须认真做好预报和防御工作。

2. 秋分养生

秋分节气表示天气已经真正进入秋季。作为昼夜时间相等的节气，人们在养生中也应本着阴阳平衡的规律，使机体保持"阴平阳秘"的原则，阴阳所在不可出现偏颇。

要想保持机体的阴阳平衡，首先要防止外界邪气的侵袭。秋季天气干燥，主要外邪为燥邪。秋分之前有暑热的余气，故多见于温燥；秋分之后，阵阵秋风袭来，使气温逐渐下降，寒凉渐重，所以多出现凉燥。同时，秋燥温与凉的变化，还与每个人的体质和机体反应有关。要防止凉燥，就得坚持锻炼身体，增强体质，提高抗病能力。秋季锻炼，重在益肺润燥，如练吐纳功、叩齿咽津润燥功。饮食调养方面，应多喝水，吃清润、温润的食物，如芝麻、核桃、糯米、蜂蜜、乳品、梨等，可以起到滋阴润肺、养阴生津的作用。

秋季，自然界的阳气由疏泄趋向收敛、闭藏，起居作息要相应调整，早卧以顺应阴精的收藏，以养"收"气；早起以顺应阳气的舒长，使肺气得以舒展。祖国医学认为，人体的生理活动要适应自然界阴阳的变化，因此，秋季要特别重视保养内守之阴气，凡起居、饮食、精神、运动等方面的调摄皆不能离开"养收"这一原则。

在饮食摄养上，因秋属肺金，酸味收敛补肺，辛味发散泻肺，所以秋日宜收不宜散，要尽量少食葱、姜等辛味之品，适当多食酸味甘润的果蔬。同时秋燥津液易伤，引起咽、鼻、唇干燥及干咳、声嘶、皮肤干裂、大便燥结等燥症，宜多选用甘寒滋润之品，如百合、银耳、淮山、秋梨、莲藕、柿子、芝麻、鸭肉等，以润肺生津、养阴清燥。广东民间历来秋日最多润养的汤水，此时正是大有所用，如青萝卜陈皮煲鸭汤、玉竹百合猪瘦肉汤、木瓜粟米花生生鱼汤、沙田柚花猪肝汤、无花果白鲫汤、霸王花蜜枣猪肉汤等都是家庭养生之品。

在精神养生方面，要注意秋季气候渐转干燥，日照减少，气温渐降，人们的情绪未免有些垂暮之感，故有"秋风秋雨愁煞人"之言。所以这时，人们应保持神志安宁，减缓秋天肃杀之气对人体的影响，收敛神气，以适应秋天容平之气。同时精神情绪上要看到积极的一面，金秋时节，天高气爽，是开展各种运动锻炼的好时机：或登山、慢跑、散步、打球、游泳、洗冷水浴；或练五禽戏、打太极拳、做八段锦、练健身操等。在进行"动功"锻炼的同时，可配合"静功"，如六字诀默念呼气练功法、内气功、意守功等，动静结合，动则强身，静则养心，则可达到心身康泰之功效。

秋天是肠道传染病、疟疾、乙肝的多发季节，也常引起许多旧病，如胃病、老慢支、哮喘等的复发，患高血压、冠心病、糖尿病的中老年人若疏忽防范，则会加重危险。

3. 秋分习俗

（1）秋分祭月

秋分曾是传统的"祭月节"，古有"春祭日，秋祭月"之说。现在的中秋节则是由传统的"祭月节"而来。据考证，最初"祭月节"是定在秋分这一天，不过由于这一天在农历八月里的日子每年不同，不一定都有圆月，而祭月无月则是大煞风景的，所以，后来就将"祭月节"由秋分调至中秋。

据史书记载，早在周代，古代帝王就有春分祭日、夏至祭地、秋分祭月、冬至祭天的习俗。其祭祀的场所称为日坛、地坛、月坛、天坛。分设在东南西北4个方向。北京的月坛就是明清皇帝祭月的地方。这种风俗不仅为宫廷及上层贵族所奉行，随着社会的发展，也逐渐影响到民间。

（2）秋分吃秋菜

在岭南地区，昔日属于四邑（现在加上鹤山为五邑）的开平苍城镇的谢姓有个不成节的习俗，叫作"秋分吃秋菜"。"秋菜"是一种野苋菜，乡人称它为"秋碧蒿"。每到秋分那天，全村人都去采摘秋菜。人们在田野中搜寻时，见的大多是嫩绿的、细细的秋菜约有巴掌那样长短。采回的秋菜一般与鱼片"滚汤"，名字叫"秋汤"。人们祈求的还是家宅安宁，身健力壮。

（3）送秋牛

秋分到时便出现挨家送秋牛图的。把二开红纸或黄纸印上全年农历节气，还要印上农夫耕田图样，叫"秋牛图"。送图者都是些民间善言唱者，主要说些秋收和吉祥不违农时的话，每到一家更是即景生情，见啥说啥，说得主人乐而给钱为止。言辞虽随口而出，却句句有韵动听，俗称"说秋"，说秋人便叫"秋官"。

（4）粘雀子嘴

秋分这一天农民都按习俗放假，每家都要吃汤圆，而且还要把不用包心的汤圆十多个或二三十个煮好，用细竹扦叉着置于室外田边地坎，名曰粘雀子嘴，免得雀子来破坏庄稼。秋分期间还是孩子们放风筝的好时候。尤其是秋分当天。甚至大人们也参与。风筝类别有王字风筝、鲢鱼风筝、眯蛾风筝、雷公虫风筝，月儿光风筝等，大者有两米高，小的也有二三尺。市场上有卖风筝的，多比较小，适宜于小孩子们玩耍，而大多数还是自己糊的，较大，放时还要相互竞争看谁放得高。

五、寒露

寒露时节，气温更低，空气已结露水，渐有寒意。这一节气一般在每年的10月8日前后。此时太阳到达黄经195度。寒露的意思是气温比白露时更低，地面的露水更冷，快要凝结成霜了。

1. 寒露概况

寒露时节，五岭及以北的广大地区均已进入秋季，东北和西北地区已进入或即将进入冬季。首都北京大部分年份这时已可见初霜。除全年飞雪的青藏高原外，东北和新疆北部地区一般已开始降雪。

我国古代将寒露分为三候："一候鸿雁来宾；二候雀入大水为蛤；三候菊有黄华。"此节气中鸿雁排成一字或人字形的队列大举南迁；深秋天寒，雀鸟都不见了，古人看到海边突然出现很多蛤蜊，并且贝壳的条纹及颜色与雀鸟很相似，所以便以为是雀鸟变成的；第三候的"菊有黄华"是说在此时菊花已普遍开放。

寒露以后，北方冷空气已有一定势力，我国大部分地区在冷高压控制之下，雨季结束。天气常常是昼暖夜凉，晴空万里，对秋收十分有利。我国大陆上绝大部分地区雷暴已消失，只有西南部分地区尚可听到雷声。华北10月份降水量一般只有9月降水量的一半或更少，西北地区则只有几毫米到20多毫米。干旱少雨往往给冬小麦的适时播种带来困难，成为旱地小麦争取高产的主要限制因素之一。少数年份江淮和江南也会出现阴雨天气，对秋收秋种有一定的影响。

"寒露不摘棉，霜打莫怨天。"趁天晴要抓紧采收棉花，遇降温早的年份，还可以趁气温不算太低时把棉花收回来。江淮及江南的单季晚稻即将成熟，双季晚稻正在灌浆，要注意间歇灌溉，保持田间湿润。

南方稻区还要注意防御"寒露风"的危害。华北地区要抓紧播种小麦，这时，若遇干旱少雨的天气应设法播种，保证在霜降前后播完，切不可被动等雨导致早茬种晚麦。寒露前后是长江流域油菜的适宜播种期，品种安排上应先播甘蓝型品种，后播白菜型品种。淮河以南的绿肥播种要抓紧扫尾，已出苗的要清沟沥水，防止涝渍。华北平原的甘薯薯块膨大逐渐停止，这时清晨的气温在10℃以下或更低的概率逐渐增大，应根据天气情况抓紧收获，争取在早霜前收完，否则在地里经受低温时间过长，会因受冻而导致薯块硬心，降低食用、饲用和工业用价值，也不能贮藏或做种用。

具体说来，寒露天气大致有以下特点。

（1）气温降得快

气温降得快是寒露节气的一个特点。一场较强的冷空气带来的秋风、秋雨过后，温度下降8~10℃已较常见。不过，风雨天气大多维持时间不长，受冷高压的控制，昼暖夜凉，白天往往秋高气爽。

（2）平均气温分布差异大

10月份，我国平均气温分布的地域差别明显：在华南，平均温度大多数地区在22℃以上，海南更高，在25℃以上，还没有走出夏季；江淮、江南各地一般在15~20℃之间；东北南部、华北、黄淮在8~16℃之间；而此时西北的部分地区、东北中北部的平均温度已经到了8℃以下，青海省部分高原地区平均温度甚至在0℃以下了。

白露后，天气转凉，开始出现露水，到了寒露，不仅露水逐渐增多，且气温更低。此时我国有些地区会出现霜冻。这时北方已呈深秋景象，白云红叶，偶见早霜；南方也秋意渐浓，蝉噤荷残。

古代把露作为天气转凉变冷的表征。仲秋白露节气"露凝而白"，至秋季寒露时已是露气寒冷，将凝结为霜了。

2. 寒露危害

常年寒露期间，华南雨量日趋减少。华南西部多在20毫米上下，东部一般为30~40毫米。绵雨甚频，影响"三秋"生产，成为我国南方大部分地区的一种灾害性天气。伴随着绵雨的气候特征是：湿度大，云量多，日照少，阴天多，雾日亦自此显著增加。秋雨严重与否，直接影响"三秋"的进度与质量。为此，一方面，要利用天气预报，抢晴天收获和播种；另一方面，也要因地制宜，采取深沟高垄等各种有效的耕作措施，减轻湿害，提高播种质量。在高原地区，寒露前后是雪害最严重的季节之一，积雪阻塞交通，危害畜牧业生产，应该注意预防。

3. 寒露养生

寒露在二十四节气中排列第17，在每年的10月8日前后。由于寒露的到来，气候由热转寒，万物随寒气增长逐渐萧落。这是热与冷交替的季节。在自然界中，阴阳之气开始转变，阳气渐退，阴气渐生，我们人体的生理活动也要适应自然界的变化，以确保体内的生理（阴阳）平衡。

中医学在四时养生中强调"春夏养阳，秋冬养阴"。因此，秋季时节必须注意保养体内之阳气。当气候变冷时，正是人体阳气收敛、阴精潜藏于内之时，故应以保养阴精为主，也就是说，秋季养生不能离开"养收"这一原则。应多食用芝麻、糯米、蜂蜜等柔润食物，同时增加鸡、鸭、牛肉、猪肝、鱼、虾、大枣、山药等以增加体质；少食辛辣之品，如辣椒、生姜、葱、蒜类，因为过多地食用辛辣易伤人体阴精。总之，寒露饮食应在平衡饮食五味的基础上，根据个人的具体情况合理搭配。

寒露以后，随着气温的不断下降，感冒成为最易发生的疾病。在气温下降和空气干燥时，感冒病毒的致病力增强。此时很多疾病的发生会危及老年人的生命，其中最应警惕的是心脑血管病。另外，中风、老年慢性支气管炎复发、哮喘病复发、肺炎等疾病也严重地威胁着老年人的生命安全。因此要采取综合措施，积极预防感冒。在这多事之秋的寒露节气中，老年人合理地安排好日常的起居生活，对身体的健康有着重要作用。

另外，精神调养也不容忽视，由于气候渐冷，日照减少，风起叶落，时常在一些人心中引起凄凉之感，导致情绪不稳，容易有伤感的忧郁心情。因此，保持良好的心态，因势利导，宣泄积郁之情，培养乐观豁达之心是养生保健不可缺少的。可以加强锻炼，利用远足、登高，欣赏秋日美景，排遣心中的郁闷。

除此之外，秋季凉爽之时，人们的起居时间也应做相应的调整。经过我国临床医学多年的研究，发现气候变冷时，患脑血栓的病人就会增加，分析其原因，大概是和天气变冷、人们的睡眠时间增多有关。因为天气变冷、人在睡眠时，血流速度下降，易于形成血栓。我国古代医术明确指出，秋天的3个月，应该早卧早起，和鸡的作息协调。早卧以顺应阴精的收藏，早起以顺应阳气的舒达。大家应该顺应节气，分时调养，确保健康。

"寒露"时节起，雨水渐少，天气干燥，昼热夜凉。从中医角度上说，这个节气在南方气候最大的特点是"燥"邪当令，而燥邪最容易伤肺伤胃。此时期人们的汗液蒸发较快，因而常表现为皮肤干燥，皱纹增多，口干咽燥，干咳少痰，甚至会出现毛发脱落和大便秘结等现象。所以养生的重点是养阴防燥、润肺益胃，同时要避免因剧烈运动、过度劳累等耗散精气津液。在饮食上还应少吃辛辣刺激、香燥、熏烤等类食品，多吃些芝麻、核桃、银耳、萝卜等有滋阴润燥、益胃生津作用的食品。同时室内要保持一定的湿度，注意补充水分，多吃水果多喝水。此外还应重视涂擦护肤霜等以保护皮肤，防止干裂。

根据中医学理论，二十四节气中的每一个节气都有不同的养生重点，寒露标志着热与冷交替的季节的开始，在这个节气里最容易诱发呼吸系统、消化系统的疾病。此时的气候实际上是夏秋暑热与秋凉干燥的交替，最容易引起季节交换的感冒发热，这些季节性的常见病都要充分防范，加以警惕。

六、霜降

1. 霜降概况

每年10月23日前后，太阳到达黄经210度时为霜降。霜降节气里，天气渐冷，开始有霜。这时中国黄河流域一带出现初霜，大部分地区多忙于播种三麦等作物。

我国古代将霜降分为三候："一候豺乃祭兽；二候草木黄落；三候蛰虫咸俯。"此节气中豺狼将捕获的猎物先陈列后再食用；大地上的树叶枯黄掉落；蛰虫也全在洞中不动不食，进入冬眠状态中。

霜降表示天气更冷了，露水凝结成霜。此时我国黄河流域已出现白霜，千里沃野上，一片银色冰晶熠熠闪光，此时树叶枯黄，叶子都落了，开始降霜。气象学上，一般把秋季出现的第一次霜叫作"早霜"或"初霜"，而把春季出现的最后一次霜称为"晚霜"或"终霜"。从终霜到初霜的间隔时期，就是无霜期。也有把早霜叫"菊花霜"的，因为此时菊花盛开，北宋大文学家苏轼有诗曰："千树扫作一番黄，只有芙蓉独自芳。"

霜降节气含有天气渐冷、开始降霜的意思。纬度偏南的南方地区，平均气温多在16℃上下，离初霜日期还有3个节气。在华南南部河谷地带，则要到隆冬时节才能见霜。当然，即使在纬度相同的地方，由于海拔高度和地形不同，贴地层中空气的温度和湿度有差异，初霜期和有霜日数也就不一样了。

霜是地面的水汽遇到寒冷天气凝结成的，所以霜降不是降霜，而是表示天气寒冷，大地将产生初霜的现象。

用科学的眼光来看，"露结为霜"的说法是不准确的。露滴冻结而成的冻露是坚硬的小冰珠。而霜冻是指由于温度剧降而引起的作物冻害现象，其致害温度因作物、品种和生育期的不同而异；而形成霜，则必须地面或地表物的温度降到0℃以下，并且贴地层中空气的水汽含量要达到一定程度。因此，发生霜冻时不一定出现霜，出现霜时也不一定就有霜冻发生。但是，因为见霜时的温度已经比较低，要是继续冷却，便很容易导致霜冻的发生。

2. 霜降饮食保健

霜降节气是慢性胃炎和胃十二指肠溃疡病复发的高峰期。老年人也极容易患上"老寒腿"（膝关节骨性关节炎）的毛病，慢性支气管炎也容易复发或加重。这时应该多吃些梨、苹果、白果、洋葱等润肺的水果和蔬菜。

栗子具有养胃健脾、补肾强筋、活血止血、止咳化痰的功效，是这时的进补佳品。霜遍布在草木土石上，俗称打霜，而经过霜覆盖的蔬菜如菠菜、冬瓜，吃起来味道特别鲜美；霜打过的水果，如葡萄就很甜。古人一般秋补既吃羊肉也吃兔肉。闽台民间在霜降这天要进食补品，闽南有句谚语"一年补通通，不如补霜降"。

一些地方要吃红柿，认为这样可以御寒，能补筋骨。而泉州老人的说法是：霜降吃丁柿，不会流鼻涕。有些地方的说法是霜降这天要吃柿子，不然整个冬天嘴唇都会裂开。另有些地方这天一定要吃些牛肉。而山东农谚则说：处暑高粱白露谷，霜降到了拔萝卜。

霜降之时，在五行中属土，根据中医养生学的观点，在四季五补（春要升补、夏要清补、长夏要淡补、秋要平补、冬要温补）的相互关系上，此时与长夏同属土，所以应以淡补为原则，并且要补血气以养胃。饮食进补当依据食物的性味、归经加以区别。

霜降作为秋季的最后一个节气，此时天气渐凉，秋燥明显，燥易伤津。霜降养生首先要重视保暖，其次要防秋燥，运动量可适当加大。

3. 霜降习俗

霜降是秋季的最后一个节气。在此期间，我国很多地区都有吃柿子的习俗。民间的说法是，霜降吃柿子，冬天就不易感冒、流鼻涕。

柿子一般是在霜降前后完全成熟，这时候的柿子皮薄、肉鲜、味美，营养价值高，其所含维生素和糖分比一般水果高 1~2 倍。假如一个人 1 天吃 1 个柿子，所摄取的维生素 C 基本上就能满足 1 天需要量的一半。但柿子也含有大量鞣酸和果胶，不宜空腹食用。另外，柿子性寒，也不要和螃蟹等海鲜一起食用。

此外，霜降时节正是秋菊盛开的时候，我国很多地方在这时要举行菊花会，赏菊饮酒，以示对菊花的喜爱。

种种趣味盎然的霜降习俗，体现了人们追求身体健康的美好情感，同时，也给我国丰富多彩的民间习俗增添了一抹独特的色彩。

第四节 万里银装裹大地——冬之节气

一、立冬

1.立冬概况

立冬节气在每年的 11 月 7 日前后。我国古时民间习惯以立冬为冬季的开始，由于我国幅员广大，除全年无寒冬的华南沿海地区和长冬无夏的青藏高原地区外，各地的冬季并不都是于立冬日同时开始的。按气候学划分四季的标准，以下半年平均气温降到 10℃以下为冬季，以"立冬为冬日始"的说法与黄淮地区的气候规律基本吻合。而按照这个标准，我国最北部的漠河及大兴安岭以北地区，9 月上旬就早已进入冬季了。但长江流域的冬季则可能要到"小雪"节气前后才真正开始。

我国古代将立冬分为三候："一候水始冰；二候地始冻；三候雉入大水为蜃。"立冬节气水已经能结成冰；土地也开始冻结；第三候"雉入大水为蜃"的雉即指野鸡一类的大鸟，蜃为大蛤。立冬后，野鸡一类的鸟类便不多见了，而海边却可以看到外壳与野鸡的线条及颜色相似的大蛤，所以古人认为雉到立冬后便变成大蛤了。

对"立冬"的理解，我们还不能仅仅停留在冬天开始的意思上。追根溯源，古人对"立"的理解与现代人一样，是建立、开始的意思。但"冬"字就不那么简单了，我国古籍《月令七十二候集解》对"冬"的理解是说秋季作物全部收晒完毕，收藏入库，动物也已藏起来准备冬眠。看来，立冬不仅仅代表着冬天的来临，更为确切地说，立冬是表示冬季的开始，万物要开始收藏，规避寒冷。

立冬时节，太阳已到达黄经 225 度，北半球获得的太阳辐射量越来越少，由于此时地表夏季贮存的热量还有一定的剩余，所以一般还不太冷。晴朗无风的时候，常常伴有温暖舒适的"小阳春"天气，不仅气温十分宜人，对冬作物的生长也十分有利。但是，这时北方冷空气也已具有较强的势力，频频南侵，有时形成大风、降温并伴有雨雪的寒潮天气。寒潮出现，带来剧烈的降温，冷暖异常的天气对人们的生活、健康以及农业生产均有严重的不利影响。因此注意气象预报，根据天气变化情况及时做好身体防寒和农作物寒害、冻害等的防御，显得十分重要。

2. 立冬天气

（1）大风和降温

按照气象学标准，如果连续 5 天每天日平均气温均低于 10℃，那么首日为冬季开始的日期。由于我国地域辽阔，气候差异大，因此各地入冬的时间差别很大，并不都是在立冬之日同时开始的。

我国最北部的漠河及大兴安岭以北地区，9 月就进入漫长的冬季了；10 月上中旬，西北、东北的部分地区先后迈入冬天的门槛；10 月底到 11 月初，冬季来到东北南部、华北、黄淮；而在 11 月底小雪节气期间，长江流域才可以看到冬天的景象；12 月初，冬季逼近两广北部的武夷山脉和南岭北坡，因此我国大致是从北往南逐渐进入冬季。

在 11 月份，立冬节气刚好是秋冬季的接力阶段，随着西伯利亚冷高压和蒙古高压的强度明显加强，冷空气逐渐影响我国大部分地区。此时的冷空气带给我们的感受，在正常年份，已经不再是秋风送爽，而是带有冬天意义上的大风降温了。但如果气候偏暖，这种季节的转换，冷空气的强劲程度，也有可能来得不是那么明显、那么剧烈。

立冬期间的华南北部，即便寒风扫过，气温仍会迅速回升，晴朗无风之时，常有"十月小阳春，无风暖融融"之说。这里往往 12 月才会进入冬季。

而华南南部、台湾以及以南的海南岛等岛屿地区，就没有冬季。11 月的气温都在 20℃以上。但也不排除受强冷空气的影响而出现强烈降温的情况，只不过近些年来较少出现。

随着冷空气的加强，气温下降的趋势加快。北方的降温，人们习以为常。从10月下旬开始，陆续开始供暖，人们好在还有一个避寒之地。而对于此时处在深秋小阳春的长江中下游地区的人们，如果遇到强冷空气迅速南下，有时不到一天时间，降温可接近8~10℃，甚至更多。但毕竟大风过后，阳光照耀，冷气团很快变性，气温回升较快。气温的回升与热量的积聚，会使下一轮冷空气带来较强的降温。此时，令人惬意的深秋天气接近尾声，明显的降温使这一地区在进入初霜期的同时，也进入了红叶最佳观赏期，并在11月底陆续入冬。

作为早已入冬的西北、华北、东北等地，此时的大风、降温可以说是习以为常。在华北中南部到黄淮等地，立冬期间的冷空气，常常不是大风把这一带山区红叶一扫而光，就是把城里的树也吹成光杆，让人们有种一下子进入冬天的感觉。若遇到势力强、速度快的冷空气，它一路狂奔，使北方山口地区和南方的江湖河面风力加大，大风一直吹到东南沿海和台湾海峡。特别是北部、东部海域，海上的大风易使海上作业受到严重影响。

（2）降水

11月以后，全国各地降水量明显减少。高原雪山上的雪已不再融化。在华北等地往往出现初雪，比较难预报，往往需要特别关注。此时，降水的形式出现多样化，有雨、雪、雨夹雪、霰、冰粒等。当有强冷空气影响时，江南也会下雪。

西南地区典型的华西连阴雨结束，但相对全国雨水基本都少的情况，它还是雨水偏多的地方。按照西南降水的时间分布，11月进入了一年中的干季。西南、西北部干季的特点更加明显。四川盆地、贵州东部、云南西南部，11月还有50毫米以上的雨量。在云南，晴天温暖，雨天阴冷，流传有"四季如春，一雨便冬"的说法。如果遇到较强的冷空气入侵，有暖湿气流呼应，南方地区的过程雨量还会较大。

长江以北和华南地区的雨日和雨量均比江南地区要少，对于一年三熟的华南，11月的干旱，对作物生长仍有负面影响。

我国幅员辽阔，南北纵跨数十个纬度，因而存在南北温差。立冬之后南北温差更加拉大。11月，我国的青藏高原大部、内蒙古和黑龙江的北部地区，平均温度已达零下10℃左右。最北部的漠河和海南省的海口，两者的温差可达30~50℃。北方的许多地方已是风干物燥、万物凋零、寒气逼人；而华南仍是青山绿水、鸟语花香、温暖宜人。

3. 立冬习俗

立冬与立春、立夏、立秋合称四立，在古代社会中是个重要的节日，这一天皇帝会率领文武百官到京城的北郊设坛祭祀。到现在，人们在立冬之日，也要庆祝一下。

（1）吃饺子

立冬节气，有秋收冬藏的含义，我国过去是个农耕社会，劳动了一年的人们，利用立冬这一天要休息一下，顺便犒赏一家人一年来的辛苦。有句谚语"立冬补冬，补嘴空"就是最好的比喻。

在我国南方，立冬人们爱吃些鸡鸭鱼肉，在台湾立冬这一天，街头的"羊肉炉""姜母鸭"等冬令进补餐厅会座无虚席。许多家庭还会炖麻油鸡、四物鸡来补充能量。

在我国北方，特别是北京、天津的人们爱吃饺子。为什么立冬吃饺子？这可能是基于"交子之时"的说法。大年三十是旧年和新年之交，立冬是秋冬季节之交，故"交"子之时的饺子不能不吃。现在的人们已经逐渐恢复了这一古老习俗，立冬之日，各式各样的饺子卖得很红火。

（2）补冬

当人们还在享受秋日温情的暖阳时，时间已飞快地来到了11月，立冬飘然而至。立冬作为冬季的第一个节气，在每年的11月8日前后。此时草木开始凋零，蛰虫藏伏，万物活动趋向休止，进入冬眠状态，养精蓄锐，为来春生机勃发做准备。人类虽没有冬眠之说，但民间却有立冬补冬的习俗。人在这个进补的最佳时期要进行食补，为抵御冬天的严寒补充元气。每逢立冬这天，我国南北方人们都以不同的方式进补山珍野味，这样到了寒冷的冬天里，人们才能抵御严寒的侵袭。

另外，在补冬养冬的同时，还要注意起居调养。在寒冷的冬季，不要因扰动阳气而破坏人体阴阳转换的生理机能。冬天天地气闭，血气伏藏在身上，人们不宜过于劳作，如果出汗还会发泄阳气。在冬季要注意调养和冬补。

①冬养：以养藏为原则。

中医认为，早睡晚起，日出而作，保证充足的睡眠，有利于阳气潜藏、阴精蓄积。而衣着过少过薄，室温过低既易感冒又耗阳气。反之，衣着过多过厚，室温过高则阳气不得潜藏，寒邪易于侵入，人体将会失去新陈代谢的活力。所以，立冬后的起居调养切记"养藏"。

②冬补：以温补为原则。

现代医学认为，冬令进补能增强人体的免疫功能，不但使畏寒的现象得到改善，还能调节体内的物质代谢，使能量最大限度地贮存于体内，为来年的身体健康打好基础。在四季五补（春要升补、夏要清补、长夏要淡补、秋要平补、冬要温补）的相互关系上，此时应以温补为原则。

冬要温补：少食生冷，但也不宜燥热，以有的放矢地食用一些滋阴补阳、热量较高的膳食为宜，同时也要多吃新鲜蔬菜，以避免维生素的缺乏，适当补充牛羊肉、乌鸡、鲫鱼，多饮豆浆、牛奶，多吃萝卜、青菜、豆腐、木耳等。

在冬季人们应该少食生冷食物，一般人可以适当食用一些热量较高的食品，特别是北方，可以吃些牛肉、羊肉，但同时也要注意不宜过量地补，要多吃新鲜蔬菜和富含维生素、易于消化的食物。简言之，冬至时，在民间有补冬的习俗，而在实际生活中，立冬日应该注意调养身体的方式和方法。

俗话说"三九补一冬，来年无病痛"。按我国传统民间习惯，"立冬"代表着冬季的开始。此时自然界阴盛阳衰，各物都潜藏阳气，以待来春。"寒"是冬季气候变化的主要特点，冬季除了要注意防寒保暖外，饮食保健也很重要。

冬天的寒冷气候影响人体的内分泌系统，使人体的甲状腺素、肾上腺素等分泌增加，从而促进和加速蛋白质、脂肪、碳水化合物三大类热源营养素的分解，以增加机体的御寒能力，这样就会造成人体热量散失过多。因此，冬天营养应以增加热能为主，可适当多吃瘦肉、鸡蛋、鱼类、乳类、豆类及富含碳水化合物和脂肪的食物。

冬天又是蔬菜供应的淡季，因此，往往一个冬季过后，人体维生素会不足，如缺乏维生素C，并因此导致人发生口腔溃疡及牙龈肿痛、出血等症状。人们可适当吃些薯类来弥补，如甘薯、马铃薯等。它们均富含维生素，红心甘薯还含较多的胡萝卜素。多吃薯类，不仅可补充维生素，还有清内热的作用。此外，在冬季上市的大路菜中，除大白菜外，还应选择圆白菜、萝卜、豆芽和油菜等蔬菜。这些蔬菜中维生素含量均较丰富，要经常调换品种，合理搭配，保证人体维生素的需要。

饮食调养要随四时气候的变化而调节。我国幅员辽阔，地理环境各异，人们的生活方式不同，同属冬令，西北地区与东南沿海的气候条件迥然有别。

冬季的西北地区天气寒冷，进补宜大温大热之品，如牛、羊、狗肉等；而长江以南地区虽已入冬，但气温较西北地区要温和得多，进补应以清补甘温之味为主，如鸡、鸭、鱼肉类；地处高原山区，雨量较少且气候偏燥的地带，则应以甘润生津之品的果蔬、冰糖为宜。除此之外，还应因人而异，因为食有谷肉果菜之分，人有男女老幼之别，体（体质）有虚实寒热之辨，本着人体生长规律。中医养生原则是：少年重养，中年重调，老年重保，耆耋重延。故"冬令进补"应根据实际情况有针对性地选择清补、温补、小补、大补，万不可盲目进补。

在冬补的同时，需要注意的是，进补时，要使肠胃有个适应过程，最好先做引补，一般来说，可先选用温补的食物如羊肉、枸杞等，用来调整脾胃功能。此外，冬季喝热粥也是养生的一个好选择。喝粥有助于增加热量和营养功能，并且不同的粥类所起的功效也不一样，如小麦粥有养心除烦的作用、芝麻粥可益精养阴、大枣粥可益气养阴等。

二、小雪

1. 小雪概况

一候鸿雁来、二候玄鸟归、三候群鸟养羞。每年 11 月 22 日前后，视太阳到达黄经 240 度时为小雪。这个时期天气逐渐变冷，黄河中下游平均初雪期基本与小雪节令一致。虽然开始下雪，一般雪量较小，并且夜冻昼化。如果冷空气势力较强，暖湿气流又比较活跃的话，也有可能下大雪。

小雪前后，我国大部分地区农业生产开始进入冬季管理和农田水利基本建设阶段。黄河以北地区北风吹，雪花飘，此时我国北方地区会出现初雪，虽雪量有限，但还是提示我们到了御寒保暖的季节。小雪节气的前后，天气时常是阴冷晦暗的，此时人们的心情也会受到一定影响，所以在这个节气里，朋友们在光照少的日子里一定要学会照顾自己。

"小雪"时值阳历 11 月下半月，是反映天气现象的节令。这就是说，到了小雪节气，由于天气寒冷，降水形式由雨变为雪，但由于此时还不是十分寒冷，雪量还不大，所以称为小雪。随着冬季的到来，天气渐冷，不仅地面上的露珠变成了霜，而且天空中的雨变成了雪花，下雪后，大地披上了洁白的素装。但由于这时的天气还不算太冷，所以下的雪常常是半冰半融状态，或落到地面后立即融化了，气象学上称之为"湿雪"；有时还会雨雪同降，叫作"雨夹雪"；还有时降如同米粒一样大小的白色冰粒，称为"米雪"。小雪节气降水依然稀少，远远满足不了冬小麦的需要。

小雪表示降雪的起始时间和程度。小雪节气开始，南方地区北部进入冬季，已呈初冬景象。因为我国南方纬度低，北面又有秦岭等山脉作为屏障，阻挡冷空气入侵，使我国华南地区"冬暖"显著，全年降雪日数多在 5 天以下。

大雪以前降雪的机会极少，即使隆冬时节，也难得观赏到"千树万树梨花开"的迷人景色。由于南方冬季近地面层气温常保持在 0℃以上，所以积雪比降雪更不容易。偶尔虽见天空"纷纷扬扬"的小雪，却不见地上"碎琼乱玉"的积雪。当然，也有个别年份例外，如受拉尼娜现象的影响，我国 2008 年南方发生严重雪灾，给人们的生命和财产造成了重大损失。

在我国寒冷的西北高原，每年 10 月一般就开始降雪了。高原西北部全年降雪日数可达 60 天以上，甚至一些高寒地区全年都有降雪的可能。

2. 小雪养生

小雪时节开始降雪，空气会变得湿润一些，因此，配上合理的饮食，可以使人身体强健、延年益寿。雪对人体健康有很多好处，《本草纲目》上记载，雪水能解毒、治瘟疫。民间还有用雪水治疗烫伤、冻伤的偏方。经常用雪水洗澡，不仅能增强皮肤与身体的抵抗力，减少疾病，而且能促进血液循环，增强体质。如果长期饮用洁净的雪水，可益寿延年。这是那些深山老林中长寿老人长寿的"秘诀"之一。

雪为什么有如此奇特的功能呢？因为雪水中所含的重水比普通水中重水的数量要少 1/4。重水能严重地抑制生物的生命过程。有人做过实验，鱼类在含重水 30%~50% 的水中很快就会死亡。此外，地面积雪对声波的反射率极低，能吸收大量声波，能为减少噪声作出贡献。

但雪也有一定的坏处，积雪可将 90% 的紫外线反射回地表面。换句话说，由于积雪的作用，人体将遭受紫外线的双重辐射。在有积雪的地方，因为雪的反射光强烈，而且光线从四面八方，甚至从下方射来，紫外线的作用也就不亚于夏季的海滩。因此，冬天有雪的时候，在室外长时间晒太阳或长时间在雪地无防护地活动对人的健康都是有害无益的，这时候应该注意防晒。

3. 小雪习俗

（1）腌腊肉

小雪后气温急剧下降，天气变得干燥，是加工腊肉的好时候。民间有"冬腊风腌，蓄以御冬"的习俗，腊肉是湖北、四川、湖南、江西、贵州、陕西的特产，已有几千年的历史。据记载，早在 2000 多年前，张鲁兵败南下走巴中，途经汉中红庙塘时，汉中人用上等腊肉招待过他；又有传说，清代光绪二十六年（1900年），慈禧太后携光绪皇帝避难西安，陕南地方官吏曾进贡腊肉御用，慈禧吃后，倍加赞赏。加工制作腊肉的传统习惯不仅久远，而且普遍。每逢冬腊月，小雪后农家开始动手做香肠、腊肉，等到春节时正好享受美食。

（2）吃糍粑（cí bā）

在南方某些地方，还有农历十月吃糍粑的习俗，糍粑象征丰收、喜庆和团圆。古时候，糍粑是南方地区传统的节日祭品，最早是农民用来祭牛神的供品。有俗语"十月朝，糍粑禄禄烧"，就是指用糍粑来祭祀。

南方多数地区的人习惯于在腊月打糍粑，在梅州客家地区每逢传统节日或家庭喜庆日，都有做糍粑的习惯。在四川民间一些地方，在糍粑中加入桂花捣制成月桂糍粑，蘸上炒黄豆面和白糖吃，味道清爽淡雅、甘甜爽口，别具一番风味。另一些地方在热糍粑中裹入熟红豆等豆制品，加入适量食盐，切成椭圆状片块放到熟菜油中炸，做出的红豆油糍粑色、香、味俱佳。

三、大雪

1. 大雪概况

每年12月7日或8日，太阳黄经达255度时为二十四节气之一的"大雪"。大雪，顾名思义，就是指雪量大的意思。到了这个时段，雪往往下得大，范围也广，故名大雪。

这时我国大部分地区的最低温度都降到了0℃或以下；往往在强冷空气前沿冷暖空气交锋的地区，会降大雪，甚至暴雪。可见，大雪节气是表示这一时期降大雪的起始时间和雪量程度，它和小雪、雨水、谷雨等节气一样，都是直接反映降水的节气。

人们常说："瑞雪兆丰年。"严冬积雪覆盖大地，可保持地面及作物周围的温度不会因寒流侵袭而降得很低，为冬作物创造了良好的越冬环境。积雪融化时又增加了土壤的水分含量，可供作物春季生长的需要。另外，雪水中氮化物的含量是普通雨水的5倍，还有一定的肥田作用，所以有

"今冬麦盖三层被，来年枕着馒头睡"的农谚。

大雪节气人们要注意气象台对强冷空气和低温的预报，注意防寒保暖。越冬作物要采取有效措施，防止冻害。另外，还要注意对牲畜防冻保暖。

2. 大雪天气

雪的大小按降雪量分类时，雪可分为小雪、中雪、大雪、暴雪四类。按照 24 小时降雪量：小雪 2.5 毫米以下，中雪 2.6~5.0 毫米，大雪 5.0~10 毫米，暴雪 10 毫米以上。

我国古代将大雪分为三候："一候鹖鴠不鸣；二候虎始交；三候荔挺出。"这是说此时因天气寒冷，寒号鸟也不再鸣叫了；由于此时是阴气最盛时期，正所谓盛极而衰，阳气已有所萌动，所以老虎开始有求偶行为；"荔挺"为兰草的一种，也感到阳气的催促而抽出新芽。

大雪时节，除华南和云南南部无冬区外，我国辽阔的大地已披上冬日盛装，东北、西北地区平均气温已达零下 10℃以下，黄河流域和华北地区气温也稳定在 0℃以下，冬小麦已停止生长。江淮及其以南地区小麦、油菜仍在缓慢生长，要注意施好腊肥，为安全越冬和来春生长打好基础。华南、西南小麦进入分蘖（niè）期，应结合中耕施好分蘖肥，注意冬作物的清沟排水。这时天气虽冷，但贮藏的蔬菜和薯类要勤于检查，适时通风，不可将窖封闭太死，以免升温过高、湿度过大导致烂窖。在不受冻害的前提下应尽可能地保持较低的温度。

3. 大雪养生

传统中医认为，大雪已到了进补的大好时节。说到进补，有人狭义地认为进补就是吃点营养品，用点壮阳药，其实，这只是进补的一个方面。

专家指出，中医养生进补是有讲究的，综合调养要适中。有人把"补"当作养，于是饮食强调营养，讲究进补；起居强调安逸，静养为上；此外，还以补益药物为辅助。虽说食补、药补、静养都在养生范畴之中，但用之太过反而会影响健康。正如有些人食补太过出现营养过剩，过分静养只逸不劳出现动静失调，如果药补太过，则会发生阴阳的偏盛偏衰，使机体新陈代谢失调。所以，在进行调养时应采取动静结合、劳逸结合、补泻结合、形神共养的方法。

大雪时节到底应该"进补"些什么呢？由于大雪时节天气寒冷，人们可以多吃一些羊肉、葱头、山药、桂圆、生姜、杏脯等温热的食物，尤其是处于经期、孕期和患有贫血、胃肠疾病的女性。

4. 大雪趣闻

自古以来，人们一般都认为雪是白色的。可你能想到吗，世界上还降过各种颜色的雪呢！人们曾经在南极见过红、黄、绿、褐等颜色的雪。这些彩色的雪是怎样产生的呢？

经过科学家们长期的观察和研究，发现这可能是因为原始蕨类或藻类这种植物在作怪。它们不怕冷，可以在雪地里生长。植物学家们根据蕨类或藻类植物的颜色不同，把它们分为各种颜色的蕨或藻。彩色的雪，可能就是这些蕨类或藻类植物被暴风刮到高空，和雪片相遇，粘在雪片上形成的。

当然，由于其他的生物或非生物的因素影响，也可能形成彩色的雪。比如，意大利曾下过一场黑雪，这是因为亿万个极小的黑色小昆虫在天空中飞，结果沾在雪里降下的缘故。当年苏联下过黄而略带红色的雪。此外，挪威下过一场黄雪。那是由于一种松木的锯末被风卷到空中，然后同水蒸气凝华而成的。苏格兰也下过黑雪，那是由于一些燃烧不充分的煤烟粒大量粘在雪花上，把白雪染成了黑雪。在我国天山东段以及内蒙古自治区与沙漠相邻的地区，有时候会下黄色的雪，雪后地面好像铺了一层黄色的地毯，十分美丽，这是风把沙漠里的沙尘带到高空，然后扩散到遥远的地方，同雪花夹在一起落下来而形成的，由于黄沙被风卷起染黄了雪，使白雪变成了黄色雪。而有些地方出现的黑色雪和褐色雪，那是因为工厂烟囱向空气排放黑烟尘，把白雪污染后造成的恶果。

但是，雪的本质还是洁白的，彩色雪只是因为环境中的生物或非生物玷污附着在雪花上而形成的。

四、冬至

1.冬至概况

冬至，是中国农历中一个非常重要的节气，也是中华民族的一个传统节日，冬至俗称"冬节""长至节""亚岁"等。早在2500多年前的春秋时代，中国就已经用土圭观测太阳，测定出了冬至，它是二十四节气中较早制定出的一个，时间在每年的阳历12月21日前后，这一天是北半球全年中白天最短、夜晚最长的一天；在这一天我国北方大部分地区还有吃饺子、南方吃汤圆的习俗。

我国古代将冬至分为三候："一候蚯蚓结；二候麋角解；三候水泉动。"传说蚯蚓是阴曲阳伸的生物，此时阳气虽已生长，但阴气仍然十分强盛，土中的蚯蚓仍然蜷缩着身体；麋与鹿同科，却阴阳不同属，古人认为麋的角朝后生，所以为阴，而冬至一阳生，麋感阴气渐退而解角；由于阳气初生，所以此时山中的泉水可能流动并且温热。

关于冬至的历史渊源，我国自古民间就有利用冬至日至郊外祭祀天的活动。又因为周历的正月为夏历的11月。因此，周代的正月等于我们现在的11月，所以拜岁和贺冬并没有分别。一直到汉武帝采用夏历后，才把正月和冬至分开，因此，也可以说过"冬节"是自汉代以后才有，盛于唐宋，相沿至今。虽然冬至不是年节，但人们习惯把冬至看成"节气年"的分界点。

人们认为冬至是阴阳二气的自然转化，是上天赐予的福气。汉朝把冬至称为"冬节"，官府要举行祝贺仪式，称为"贺冬"，例行放假。《后汉书》中记载冬至这天朝廷上下要放假休息，军队待命，边塞闭关，商旅停业，亲朋各以美食相赠，相互拜访，欢乐地过一个"安身静体"的节日。

到了唐、宋时期，冬至是祭天祀祖的日子，皇帝在这天要到郊外举行祭天大典，百姓在这一天要向父母尊长祭拜，现在仍有一些地方在冬至这天过节庆贺。

因为历法的不同，民间一直传承着周历历法，人们认为冬至过后就是另一年的开始。此外，人们认为，过了这一天，白昼一天比一天长了，是一个节气循环的开始，阳气逐渐回升，因此也算是个吉利的日子，这也是冬至为何在民间会那么受重视。但是这样的错误传承，使得民间的观念与所用的夏历历法有了很大的出入，这样的错误观念应该矫正，把正确的历法传承才对。

2.冬至各地吃食与习俗

冬至又称为冬节。依照我国传统的历法，以5日为一候，三候15日为一节或一气，在一年里又分为十二节与十二气，合称为二十四节气，这就是择日学上所用的节气。择日学上是依农历的节气来选定吉课，而所谓的农历则为阳历与阴历的结合，阳历指的就是二十四节气（把太阳运行的周期分为十二个阶段，再划分二十四个节气，一节一气为一个月），阴历乃为纯粹的月份（按照月亮所行的周期而定），日子都在公历的12月22日或23日两天。因为冬至并没有固定于特定一日，因此和清明一样，被称为"活节"。

各个地区在冬至这一天有祭天祀祖的习俗，从周代起就有祭祀的活动，目的在于祈求国泰民安，减少荒年和人民受到的苦难；汉代时要挑选有能力的人才鼓瑟吹笙，以示庆贺；唐宋时，冬至和岁首并重，即使最贫穷的人家，也要穿新衣，置办饮食祭祀先祖。

此外，各地在冬至时有不同的风俗。冬至代表家族团聚的一天，在这天，中国南方的家庭会包汤圆、吃汤圆，以表示团圆的意思。北方地区有冬至宰羊、吃饺子、吃馄饨的习俗，因此北方有"冬至到，吃水饺"这样的谚语。

（1）馄饨面

过去老北京有"冬至馄饨夏至面"的说法。相传汉代时，北方匈奴经常骚扰边疆，百姓不得安宁。当时匈奴部落中有浑氏和屯氏两个首领，十分凶残。百姓对其恨之入骨，于是用肉馅包成角儿，取"浑"与"屯"之音，呼作"馄饨"。恨以食之，并求平息战乱，能过上太平日子。因最初制成馄饨是在冬至这一天，所以后来在冬至这天家家户户都吃馄饨。

（2）吃狗肉

冬至吃狗肉的习俗据说是从汉代开始的。相传，汉高祖刘邦在冬至这一天吃了樊哙煮的狗肉，觉得味道特别鲜美，赞不绝口。从此在民间形成了冬至吃狗肉的习俗。现在的人们纷纷在冬至这一天吃狗肉、羊肉以及各种滋补食品，以求来年有一个好兆头。

（3）吃饺子

每年农历冬至这天，不论贫富，饺子是必不可少的节日饭。谚语说："十月一，冬至到，家家户户吃水饺。"这种习俗，是因纪念"医圣"张仲景冬至舍药留下的。

张仲景所撰写的《伤寒杂病论》集医家之大成，祛寒娇耳汤被历代医者奉为经典。东汉时，他曾任长沙太守，诊病施药，大堂行医。后毅然辞官回乡，为乡邻治病。其返乡之时，正是冬季，他看到白河两岸乡亲面黄肌瘦，饥寒交迫，不少人的耳朵都冻烂了。于是张仲景便让其弟子在南阳东关搭起医棚，支起大锅，在冬至那天舍"娇耳"医治冻疮。他把羊肉和一些驱寒药材放在锅里熬煮，然后将羊肉、药物捞出来切碎，用面包成耳朵样的"娇耳"，煮熟后，分给来求药的人每人两只"娇耳"，一大碗肉汤。人们吃了"娇耳"，喝了"祛寒汤"，浑身暖和，两耳发热，冻伤的耳朵都治好了。后人学着"娇耳"的样子，包成食物，也叫"饺子"或"扁食"。

冬至吃饺子，是不忘"医圣"张仲景"祛寒娇耳汤"之恩。至今南阳仍有"冬至不端饺子碗，冻掉耳朵没人管"的民谣。

（4）红豆糯米饭

在江南水乡，有冬至之夜全家欢聚一堂共吃赤豆糯米饭的习俗。相传，共工氏有不才子，作恶多端，死于冬至这一天，死后变成疫鬼，继续残害百姓。但是，这个疫鬼最怕赤豆，于是，人们就在冬至这一天煮吃赤豆饭，用以驱避疫鬼，防灾祛病。

（5）冬至团

冬至团也称"冬至丸"，是汉族冬至节的食品，流行于我国南方地区。每年冬至日（阳历 12 月 22 日前后），人们磨糯米粉，用糖、肉、菜、果、豇豆、萝卜丝等作馅，包成团，称作"冬至团"，并馈赠亲友。也有在早餐时全家聚食的，取团圆的意思。

（6）苏州人过冬至

由于苏州 2000 多年前是吴国的都城，吴国始祖泰伯、仲雍是周太王后裔，曾承袭周代历法把冬至作为一年之初，所以至今古城苏州仍有"冬至大如年"的遗俗。而每年冬至夜的"菜单"更是考究，延续着源远的吴地风情，形成了与其他城市不一样的色彩。

在古城苏州的大街小巷的超市内，冬酿酒堆得像座"小山"。一年只酿造一次的冬酿酒桂花香郁、甘甜爽口。苏州自古有个说法：冬至不喝冬酿酒是要冻一夜的。

"老苏州"们回到家，桌上摆好的"圆夜饭"不仅丰盛，更是有"意思"，无论是冷盆热炒还是鱼肉畜禽，都换了雅名，成了"吉祥菜"："元宝"（蛋饺）、"团圆"（肉圆）、（扑扑腾"鸡"）、"金链条"（粉条）、"如意菜"（黄豆芽）、"吃有余"（鱼）等，形色相似，处处渗透着姑苏传统节庆的喜气和寓意。

自古太湖地区盛产稻米，用糯米粉制成的各种糕团更是当地颇具特色和最常见的点心，圆圆的冬至团更是席间的必备点心。据说在苏州，一月元宵，二月二撑腰糕，三月青团子，四月十四神仙糕，五月炒肉馅团子，六月二十四谢灶团，七月豇豆糕，八月糍团，九月初九重阳糕，十月萝卜团，十一月冬至团，十二月桂花猪油糖年糕，吃完十二道点心，新一年又来临。

苏州人冬至还有吃馄饨的习俗。这个习俗，是与西施有关的。相传吴越时期的一次宴会上，吃腻了山珍海味的吴王没胃口，美女西施就进御厨房包出一种畚箕式点心献给吴王。吴王一口气吃了一大碗，连声问道："此为何种点心，如此鲜美？"西施想：这昏君浑浑噩噩混沌不开，便随口应道："混沌。"为了纪念西施的智慧和创造，苏州人便把它定为冬至节的应景美食。

"冬至进补，春天打虎"是广泛流传于吴地的民间俗语。苏州人从冬至这天起也开始启动大进补策略，也形成了秋后食羊肉的最高峰。驰名中外的吴中藏书羊肉店的羊肉生意更是一下子兴旺了不少。对食者而言，无论是烧、焖、炖、煮，都是既享口福又补身体，实是一举两得的美事。

（7）宁夏：冬至吃"头脑"

银川有个习俗，冬至这一天喝粉汤、吃羊肉粉汤饺子。银川老百姓冬至这一天给羊肉粉汤叫了个古怪的名字——"头脑"。

五更天当家的早早地忙活起来，把松山上的紫蘑菇洗净、熬汤，熬好后将蘑菇捞出；羊肉丁下锅烹炒，水汽炒干后放姜、葱、蒜、辣椒面翻炒，入味后将切好的蘑菇加在肉丁上再炒一下，然后用醋一腌（清除野蘑菇的毒味），再放入调和面、精盐、酱油；肉烂以后放木耳、金针（黄花菜）略炒，将清好的蘑菇汤加入，汤滚开后放进切好的粉块、泡好的粉条，再加入韭黄、蒜苗、香菜，这样就做好一锅羊肉粉汤了。这锅汤红有辣椒，黄有黄花菜，绿有蒜苗、香菜，白有粉块、粉条，黑有蘑菇、木耳，红黄绿白黑五色俱全，香气扑鼻，让人馋涎欲滴。

冬至，老百姓叫鬼节，粉汤饺子做好后先盛一碗供起来，还要给近邻端上一碗。早上吃不下饺子，就买吊炉三尖饼子、茴香饼子泡着粉汤吃。羊肉粉汤胡萝卜馅饺子，对银川人来说是司空见惯的饭食，外地人一吃却赞不绝口。在外地很少见这样香辣可口的饺子，这也算是银川的一种特色风味小吃吧。

（8）福建："冬至暝"搓丸和丸子汤

冬至前一夜，莆田俗叫"冬至暝"。这天傍晚，家家厅堂上红烛通明，灯光如昼，寓意事业辉煌。桌上把红柑堆叠成小山丘状，以红柑为"果丘"。红柑的最顶层插上"三春"（即民间剪纸者用红纸剪成福禄寿的纸花）一枝，用红纸条封腰的筷子一副（十双）和生姜、板糖各一块，一家人洗手面，家长点烛上香，放了鞭炮，开始"搓丸"。所搓的"丸子"是白色的，如当年有新婚的，则是搓红色丸子，以示家中添丁，家道会更红火。这时，女的穿上红衫，在灯光下分外耀眼，孩子们喜笑颜开，天真活泼。大家一齐围在大簸箕（俗叫"大笠弧"）的四周，孩子们坐在高高的凳子上，跃跃欲试。主妇把糯米碾成的粉（俗叫"米祭"）加入开水揉捏成圆形长条，摘成一大粒一大粒圆坯，然后各人用手掌把它搓成一粒粒如桂圆核大小的"丸子"，这就是"冬至暝搓丸"。

其中最有兴趣的是，大人有的在捏元宝、聚宝盆，有的在捏小狗、小猪，取"运气好，狗仔衔元宝"及"做狗，做猪，做元宝"的俗谚，寓有"财源广进，六畜兴旺"的意思。孩子们对小狗、小猪最有兴趣，欢呼"阿公在做狗""阿爸也在做狗""妈妈、奶奶都在做猪！"惹得全家人哈哈大笑起来。有的搓只有豆粒大小的"喜鹊丸"（俗叫"客鸟丸"）。孩子们搓来搓去总是搓不完，有扁扁的，也有长长的，连他们自己也觉得好笑起来。有的把米祭弄在眉毛上、鼻子上，真是可笑又可爱。如孩子把丸子掉到地上，要叫孩子捡起来，吹去沾上的灰尘，不然的话，今后会长得丑。其意是在教育儿童从小就要爱惜粮食。"搓丸"毕，把"丸子"放在"大笠弧"之中，扣上盖子，在"灶公"灶前过夜。

冬至的夜最长，而孩子们爱吃"丸子汤"，睡不着，天未亮就吵着妈妈要吃"丸子汤"，故有"爱吃丸子汤，盼啊天未光"的童谣。主妇把"丸子"倒进锅里，和生姜、板糖（姜、糖能祛寒开胃）加水一起煮成香、甜、黏、热的"甜丸子汤"，把它祭祖后，全家人分而食之。另外，还要把"丸子"粘在门框之上，以祀"门丞户尉"，保一家平安。还要把"（饲）喜鹊丸"丢在屋顶（一般是12粒，闰年为13粒，寓意全年月月平安），等喜鹊来争食时，噪声哗然，俗叫"报喜"，寓意五福临门。

冬至早上，一家人带着"丸子"、水果、香烛、纸钱等上山祭扫祖墓。因为冬至节是一年中最后的一个扫墓节，所以扫墓的人家反比清明和重阳两节的为多，寓慎终追远之意。

（9）潮汕冬至习俗

冬至，是潮汕地区民间一个大节日，有"小过年"之俗称。潮汕各市县冬至之习俗基本相同，都有祭祖先、吃甜丸、上坟扫墓等习俗。

祭拜祖先：潮汕民间在这一天备足猪肉、鸡、鱼等三牲和果品上祠堂祭拜祖先，然后家人围桌共餐，一般都在中午前祭拜完毕，午餐家人团聚。但沿海地区如饶平海山一带，则在清晨便祭祖，赶在渔民出海捕鱼之前，意为请神明和祖先保佑渔民出海捕鱼平安。

上坟扫墓：这是冬至另一项活动。按潮汕习俗，每年上坟扫墓一般在清明和冬至，谓之"过春纸"和"过冬纸"。一般情况，人死后前三年都应行"过春纸"俗例，3年后才可以行"过冬纸"。但人们大多喜欢行"过冬纸"，原因是清明时节经常下雨，道路难走；冬至时则气候好，便于上山野餐。

吃甜丸：此习俗几乎普及整个潮汕地区，人们在这一天把甜丸祭拜祖先之后，拿出一些贴在自家的门顶、屋梁、米缸等处。为什么要这样做呢？相传有两个原因：一是甜丸既甜又圆，表示好意义，它预示明年又获丰收，家人又能团聚。一是专放给老鼠吃的。相传五谷的种子是老鼠从很远很远的地方叼来给农民种的，农民为报答老鼠的功劳，约定每年收割时应留一小部分不收割，以便老鼠吃。后来，因为有一个贪心的人，把田里的五谷全收割了，老鼠一气之下便向观音娘娘投诉，观音娘娘听后也觉得可怜，便赐给它一副坚硬的牙齿，叫它以后搬进人家屋内居住，以便寻食，自此，老鼠便到处为害。"到处贴甜丸"这一陋俗不仅不卫生，而且有损美观，造成浪费，也就自然消亡了。但这个"吃甜丸"的习俗则一直流传至今。

潮汕地区还有"吃了冬节圆多一岁"的俗谚。据王琳乾先生的《汕头旧俗谈》记载，人们对此有两种解释：一说冬至是小过年，过了小年也就应多加一岁了；一说此俗谚是出自犯人。古时每年秋天都是杀人的季节，凡犯死罪的犯人一般都在秋季被处决，如果到冬至尚未处决，则循例可延至明年再处决，所以说又多了一岁。

潮汕习俗是潮汕文化的一个内容。人们在长期的生活和社会实践中，对于好的习俗便继承下来，对于不好的陋俗就丢弃了。冬至这一天纪念先人艰苦创业的"上坟扫墓"习俗和预示来年又获丰收的"吃甜丸"的习俗，自然就沿袭下来。

（10）绍兴冬至习俗

冬至是绍兴民间一年中的大节，谚称"冬至大如年"。在古代，人们一直是把它当作另一个新年来过的。农历推算清明，即以冬至后106天为准，谓"冬至百六是清明"。《九九歌》也以冬至起算为头九、二九直至九九，以记季节变化。民间更有"冬至月初，石板冰酥，冬至月中，赤裸过冬，冬至月底，卖牛买被""冬前不结冰，冬后冻煞人"及"晴冬至烂年边，雨冬至晴过年"之谚，以冬至迟早、晴雨占一冬寒暖与年边干湿。这一天，民间必家家团聚宴饮，一如除夕吃年夜饭之俗。

绍兴民间冬至家家祭祀祖先，有的甚至到祠堂家庙里去祭祖，谓"做冬至"。一般于冬至前剪纸作男女衣服，冬至送至先祖墓前焚化，俗称"送寒衣"。祭祀之后，亲朋好友聚饮，俗称"冬至酒"，既怀念亡者，又联络感情。绍兴、新昌等县的习俗，多于是日去坟头加泥、除草、修基，以为此日动土大吉，否则可能会横遭不测之祸。

冬至又称"长至"，一年中，此日夜晚为时最长，故民间有"困觉要困冬至夜"之说，意思是说冬至安眠一夜，可保全年好梦天天。

旧时，食米多用石碓石臼舂白。绍兴人爱在冬至日前后将一年中的吃饭米预先舂好，谓之"冬舂米"，一来因为过了冬至，再个把月时间就"着春"了，家事将兴，人人须忙于备耕，无暇再去舂米；二来因为春气一动，米芽浮起，米粒便不如冬令时的坚实，冬舂米可免米粒易碎而多粞，减少粮食的损耗。

绍兴人家中酿酒，一般都爱在冬至前下缸，称为"冬酿酒"，酿成后香气扑鼻，特别诱人，加之此时的水还属冬水，所酿之酒易于保藏，不会变质。此时还可以用特种技法酿成"酒窝酒""蜜殷勤"以飨老人，或作为礼品馈赠亲友。

冬至夜，绍兴民间还有"生火熜"习俗，用畚隔夜火熜，裹入被内，如果到了第二天早晨炭火不熄，可兆来年家事兴旺发达。

旧时越中，无论男子妇女，在冬至那天，人人都要弄碗馄饨吃；而在夏至，则家家户户都要吃一顿面条，谓之"冬至馄饨夏至面"，此俗流传已久。但到底因何成俗，却各有说法。或言冬至日最短，以馄饨形团而就节；夏至食面，则用面（条）之长状夏至之长昼。虽然后者可用寿庆吃面讨长寿彩头之俗进行印证，但毕竟不见于记载。晚清绍兴学者范寅在《越谚·饮食》中说馄饨"或芝麻糖或醢肉裹以面粉，冬至时食"，可见古代绍兴还有甜味的馄饨。

冬至时，绍兴民间忌讳甚多，忌说不吉利之语，忌吵骂滋事，忌打碎盘碗；妇女不归宁，出嫁妇女务必于是日回夫家，不得在娘家过夜；不许打骂孩子，即使是最顽皮的学生，冬至日也可免受责罚，先生只能举着戒尺警告说："账，给你记到明天再算！"

（11）泉州人"冬节不回家无祖"

冬至为24个节气之一，特别为人们所重视，泉州人称冬至为"冬节小年兜"，其重视程度似稍为逊色，但过节时同样很隆重。

冬至应节食品，各地不一，北方吃馄饨，西北一带多吃饺子，江浙一带则吃汤圆和麻糍。苏州人过冬至节所吃的汤圆，又称"冬至团"，分为粉团和粉圆两种。泉州人所吃的"冬节丸"，实际上就是《清嘉录》所介绍的苏州人应节食品粉圆。节日前夕，家家户户要"搓丸"。有红、白两色。"搓丸"手艺细巧，晋江深沪、石狮祥芝、惠安崇武的渔村妇女，搓丸速度快，质量好，粒粒小如鱼目珠子，令人赞叹不已。在搓冬节丸的同时，还用米丸料捏做一些小巧玲珑的瓜果动物和金锭银宝，以象征兴旺吉祥有财气，俗称"做鸡母狗仔"。

泉州民俗有"冬节不回家无祖"的说法，因此出门在外者都会尽可能回家过节谒祖。冬节早晨，要煮甜丸汤敬奉祖先，然后合家以甜丸汤为早餐。有的人家还于餐后留下几粒米丸，粘于门上，称为"敬门神"。泉州人吃丸，称元宵丸为"头丸（圆）"，冬节为"尾丸（圆）"，这样头尾都圆，是意味着全家人整年从头到尾一切圆满。

中午祭敬祖先，供品用荤素五味，入夜，又举行家祭如除夕，供品中必有嫩饼菜。泉州过年，一年中只有冬至节、除夕和清明节要备办嫩饼菜，据说都寓有"包金包银"之意，旨在祈望家庭兴旺发达。旧时如属大宗望族者，还于这天开宗庙祠堂大门，举行祭祖仪式，与清明节的那次祭祖，合称春冬二祭。祭仪十分严格，参加者要虔敬至诚。

在惠安，冬节除祭祖外，还有一些与清明节同样的习俗，如可于是日前后十天内上山扫墓献钱，修坟迁地也百无忌讳。

泉州部分山区的风俗是冬至扫墓。清明是众所周知的扫墓时节，但奇特的是，泉州山区部分地方并不是清明扫墓的，而是在冬至。这一风俗究竟流传了多久，这里有什么样的谜团呢？有兴趣的朋友可以自己查一下。

（12）云贵冬至习俗

先时，云贵地区的汉人不若现今之多，因而对冬至节的重视远不如长江中下游地区。不过，地方上的文武官员在冬至这一天并不空闲，仍然依古礼互相拜贺。在贵州的世家大族若是建有宗姓祠堂者，在冬至日举行合族祭祖的仪式，在黎明时陈设祭品，鼓乐声中一起祭拜祖先，其仪式类同于清明节的内容。家庭丰裕者，于冬至日开始宰猪腌肉，并制年酒、年粑、阴米穿纹等年货。宰年猪时，多请宾客，同喜同乐，一起享受丰收后的快乐。云南各地对冬至节的重视程度不一，有的地方在冬至节各家都召聚亲友祭奠祖先并宴饮为乐，有"冬至大似年"的说法。届时，用糯米粉掺豆屑捏团，蘸糖而食，名字叫作"豆面团"。有的地方亲友间以米面相馈赠，并有以药物和羊肉煮食者，或者煮赤豆羹饮食。人们总是要在这个时候做些传统美食享用一番。

（13）四川地区习俗

相对云贵地区而言，四川人过冬至节的气氛要浓一些。地方官在这一天照例会在书院中向万岁亭朝贺，并互相贺拜。民间则将冬至日称为"过小年"，因而自然会表现出一些类似过年的气象。例如，士大夫相互拜贺，名曰"拜冬"，士拜师傅，卑幼拜尊长，又称"贺长至"；有的地方在冬至日各家皆出城扫墓，仪式同于清明，谓"上冬坟"。聚族而居者，要举行"冬至会"，即合族而祭。届时合族用猪羊酒肴诸物祭祀祖先，祭祀完毕后就开设宴席，整个家族的人都要聚餐，享受一天的快乐时光。

在绵竹，冬至祭祖更为讲究些。这里的宗姓祠堂颇为气派，大多陈列有雕镂青石神龛或刻木彩画，礼器、乐器齐全，祭品则有猪羊、鸡鱼、果蔬等。冬至日，族人向祖先牌位行三跪九叩礼，念完祝文后，族长向大家讲述先人训诫，主要是团结和睦、劝恶向善的内容，然后一起饮宴，若有违规犯上、酒醉胡来者，罚跪示惩。

在四川，人们还有冬至节吃羊肉、狗肉等滋补食品"进补"的习惯，在晚上吃羊肉、喝羊肉汤来暖身驱寒，以求来年有一个好兆头。

（14）我国台湾冬至习俗

在我国台湾还保存着冬至用九层糕祭祖的传统，用糯米粉捏成鸡、鸭、龟、猪、牛、羊等象征吉祥中意福禄寿的动物，然后用蒸笼分层蒸成，用以祭祖，以示不忘老祖宗。同姓同宗者于冬至或前后约定之日，集中到祖祠中照长幼之序，一一祭拜祖先，俗称"祭祖"。祭典之后，还会大摆宴席，招待前来祭祖的宗亲们。大家开怀畅饮，相互联络久别生疏的感情，称为"食祖"。这种习俗在台湾一直世代相传，以示不忘自己的根。

3. 冬至养生

（1）冬季吃萝卜赛过小人参

萝卜中含有蛋白质、糖、维生素 A、维生素 C、维生素 B3，以及钙、磷、铁等元素。萝卜内含有的糖化酵素和芥子油成分对人体消化功能大有裨益。原因是糖化酵素能分解食物中的淀粉、脂肪等成分，使之为人体所充分吸收和利用；芥子油具有淀粉、脂肪等成分，使之为人体所充分吸收和利用；芥子油具有辛辣味，能促进胃肠蠕动、增强食欲、帮助消化。萝卜的这种功能使它赢得了"小人参"的美称。

萝卜除了是人们喜欢食用的大众化蔬菜外，其药用价值更令人刮目相看。

萝卜味甘辛、性凉，有下气定喘、止咳化痰、消食除胀、利大小便和清热解毒的功效。患有急慢性气管炎或咳嗽痰多气喘者，用白萝卜洗净切片或丝，加饴糖腌后食用，有降气化痰平喘的作用。呕吐时，可将萝卜捣碎，加蜜水煎煮，细细咽嚼，有和胃、止吐、消食作用。

萝卜还有较好的抗癌作用。这是因为萝卜内含有纤维木质素，能提高巨噬细菌、异物以及坏死细胞的功能，从而增强人体的抗癌能力，以生食萝卜为最好。另外，萝卜含有的糖化酵素还能分解致癌物亚硝胺，起防癌作用。生萝卜汁有缓慢的降压作用。生萝卜汁加蜂蜜可作为高血压和动脉硬化患者很好的辅助食疗品。

饮食调养要少食生冷，但也不宜燥热，以有的放矢地食用一些滋阴补阳、热量较高的膳食为宜，同时也要多吃新鲜蔬菜以避免维生素的缺乏，适当补充牛羊肉、乌鸡、鲫鱼，多饮豆浆、牛奶，多吃萝卜、青菜、豆腐、木耳等。

（2）冬至进补有四忌

一忌盲目食狗肉。一些体质虚弱和患有关节炎等病的人，在严冬季节，多吃些狗肉是有好处的。但不宜盲目食狗肉，以免食用狂犬肉，染上狂犬病。吃狗肉后不要喝茶，这是因为茶叶中的鞣酸与狗肉中的蛋白质结合，会生成一种物质，这种物质具有一定的收敛作用，可使肠蠕动减弱，大便里的水分减少。因此，大便中的有毒物质和致癌物质就会因在肠内停留时间过长而极易被人体吸收。

二忌虚实不分。中医的治疗原则是"虚者补之"。虚则补，不虚则正常饮食就可以了，同时应当分清补品的性能和适用范围，是否适合自己。

专家认为，进补主要作用是"补虚益损"，而虚又分气虚、血虚、阴虚和阳虚四种，各有不同的补法。

①气虚症，常见症候有精神倦怠、语声低微、易出虚汗、舌淡苔白、脉虚无力等。气虚当益气，此症可选用人参蜂王浆、补中益气丸、西洋参、黄芪、党参、山药等。

②血虚症，常见症候有面色萎黄、唇甲苍白、头晕心悸、健忘失眠、手足发麻、舌质淡、脉细无力等。血虚当补血，此症可选用补血露、十全大补丸、归脾丸、当归、阿胶、龙眼肉等。

③阴虚症，常见症候有潮热盗汗、五心灼热、口燥咽干、干咳少痰、眼目干涩、舌红少苔等。阴虚当滋阴，此症可选用大补阴丸、参杞蜂王浆、六味地黄丸、银耳、鳖甲、麦冬、沙参、黑芝麻等药物。

④阳虚症，常见症候有面色㿠白、四肢不温、阳痿早泄、纳少便溏、舌淡嫩、脉微细等。阳虚当壮阳，此症常可选用金匮肾气丸、鹿茸口服液、龟苓膏、鹿茸、紫河车、蛤蚧、冬虫夏草、杜仲等药物。服用补药还须注意脾胃运化功能，如脾胃虚弱、胃胀腹胀、胸脘满闷者，需要加入醒脾健肝药物，如陈皮、砂仁、木香、神曲、谷芽之类，以健脾助胃。

三忌盲目进补鸡汤。鸡汤不是所有的人都能喝的。鸡汤（包括炖鸡和下药材熬的鸡汤）营养丰富，鸡汤所含的营养物质是从鸡油、鸡皮、鸡肉和鸡骨溶解出的少量水溶性小分子，其蛋白质仅为鸡肉的7%左右，而汤里的鸡油大都属于饱和脂肪酸。因为鸡汤中这一特有的营养成分和刺激作用，以下几种病人就不宜喝鸡汤：

胆道疾病患者，胆囊炎和胆结石症经常发作者，不宜多喝鸡汤。因鸡汤内脂肪的消化需要胆汁参与，喝鸡汤后会刺激胆囊收缩，易引起胆囊炎发作。胃酸过多者不宜喝鸡汤，因为鸡汤有刺激胃酸分泌的作用，有胃溃疡、胃酸过多或胃出血的病人，一般不宜喝鸡汤。

肾功能不全者不宜喝鸡汤，因为鸡汤内含有一些小分子蛋白质，患有急性肾炎、急慢性肾功能不全或尿毒症的患者，由于其肝肾对蛋白质分解物不能及时处理，喝多了鸡汤会引起高氮质血症，加重病情。

四忌无病进补。无病进补，既增加开支，又会伤害身体，如服用鱼肝油过量可引起中毒，长期服用葡萄糖会引起发胖。另外，补药也不是多多益善，任何补药服用过量都有害。

（3）冬至合理进补水果

俗话说得好，"三九补一冬，来年无病痛"，寒冷的冬天给自己适当的进补是十分有必要的，除了饮食的进补还可以通过吃水果来补。在这个冬天把自己的生理机能调整到最好，同时也能吃出一份健康吃出一份美丽。冬天寒冷干燥，使人觉得鼻、咽部干燥和皮肤干燥，容易上火。因此每天吃点水果，不仅能滋阴养肺、润喉去燥，还能摄取充足的营养物质，会使人顿觉清爽舒适。

五、小寒

1. 小寒概况

每年1月5日或6日太阳到达黄经285度时为小寒，它与大寒、小暑、大暑及处暑一样，都是表示气温冷暖变化的节气。小寒的意思是天气已经很冷，我国大部分地区小寒和大寒期间一般都是最冷的时期，小寒一过，就进入"出门冰上走"的三九天了。

我国古代将小寒分为三候："一候雁北乡；二候鹊始巢；三候雉始雊。"古人认为候鸟中大雁是顺阴阳而迁移，此时阳气已动，所以大雁开始向北迁移；此时北方到处可见到喜鹊，并且感觉到阳气而开始筑巢；第三候"雉始雊"的"雊"为鸣叫的意思，雉在接近四九时会感阳气的生长而鸣叫。

我国北部地区，这时的平均气温在零下30℃左右，极端最低气温可达零下50℃以下，午后最高平均气温也不过零下20℃，真是一个冰雕玉琢的世界。黑龙江、内蒙古和新疆北纬45°以北的地区及藏北高原，平均气温在零下20℃上下，北纬40°附近的河套以西地区平均气温在零下10℃

233 \

上下，都是一派严冬的景象。到秦岭、淮河一线平均气温则在0℃左右，此线以南已经没有季节性的冻土，冬作物也没有明显的越冬期。这时的江南地区平均气温一般在5℃上下，虽然田野里仍是充满生机，但亦时有冷空气南下，造成一定危害。

俗话说"冷在三九"。"三九"多在1月9日至17日，也恰在小寒节气内。但这只是一般规律，少数年份大寒也可能比小寒冷。

2. 小寒风俗

（1）南京地区吃食和习俗

古时，南京人对小寒颇重视，但随着时代变迁，现已渐渐淡化，如今人们只能从生活中寻找出点点痕迹。

到了小寒，老南京一般会煮菜饭吃，菜饭的内容并不相同，有用矮脚黄青菜与咸肉片、香肠片或是板鸭丁，再剁上一些生姜粒与糯米一起煮的，十分香鲜可口。其中矮脚黄、香肠、板鸭都是南京的著名特产，可谓是真正的"南京菜饭"，甚至可与腊八粥相媲美。

到了小寒时节，也是老中医和中药房最忙的时候，一般入冬时熬制的膏方都吃得差不多了。到了此时，有的人家会再熬制一点，吃到春节前后。

居民日常饮食也偏重于暖性食物，如羊肉、狗肉，其中又以羊肉汤最为常见，有的餐馆还推出当归生姜羊肉汤。近年来，一些传统的冬令羊肉菜肴重现餐桌，再现了南京寒冬食俗。

俗话说"小寒大寒，冷成冰团"。南京人在小寒季节里有一套富有地域特色的体育锻炼方式，如跳绳、踢毽子、滚铁环，挤油渣渣（靠着墙壁相互挤）、斗鸡（盘起一脚，一脚独立，相互对斗）等。如果遇到下雪，则更是欢呼雀跃，打雪仗、堆雪人，很快就会全身暖和，血脉通畅。

（2）广州：吃糯米饭

广州传统，小寒早上吃糯米饭，为避免太糯，一般是60%糯米加40%

香米，把腊肉和腊肠切碎，炒熟，花生米炒熟，加一些碎葱白，拌在饭里面吃。

3. 小寒养生

中医认为寒为阴邪，最寒冷的节气也是阴邪最盛的时期，从饮食养生的角度讲，要特别注意在日常饮食中多食用一些温热食物以补益身体，防御寒冷气候对人体的侵袭。日常食物中属于热性的食物主要有鳟鱼、辣椒、肉桂、花椒等；属于温性的食物有糯米、高粱米、刀豆、韭菜、茴香、香菜、荠菜、芦笋、芥菜、南瓜、生姜、葱、大蒜、杏子、桃子、大枣、桂圆、荔枝、木瓜、樱桃、石榴、乌梅、香橼、佛手、栗子、核桃仁、杏仁、羊肉、猪肝、猪肚、火腿、狗肉、鸡肉、羊乳、鹅蛋、鳝鱼、鳙鱼、鲢鱼、虾、海参、淡菜、蚶、酒等。特别要提出的是，小寒时节正是吃麻辣火锅、红焖羊肉的好时节。

另外，小寒节气正处于"三九"寒天，是一年中气候最冷的时段。此时正是人们加强身体锻炼、提高身体素质的大好时机。但要根据个人的身体情况，切不可盲目，即使身体强健的人，也要讲究一下锻炼的方式和方法。

虽然小寒时节是"进补"的最佳时期，但进补并非吃大量的滋补品就可以了，一定要有的放矢。按照传统中医理论，滋补分为四类，即补气、补血、补阴、补阳。

（1）补气主要针对气虚体质

如动后冒虚汗、精神疲乏，妇人子宫脱垂等体征，可以用红参、红枣、白术、北芪、淮山和五味子等对气虚体质进行食补。

（2）补血主要针对血虚体质

如头昏眼花、心悸失眠、面色萎黄、嘴唇苍白、妇人月经量少且色淡等，应用当归、熟地、白芍、阿胶和首乌等。

（3）补阴针对阴虚体质

如夜间盗汗、午后低热、两颊潮红、手足心热、妇人白带增多等体征，宜用冬虫夏草、白参、沙参、天冬、鳖甲、龟板、白木耳等。

（4）补阳针对阳虚体质

如手足冰凉、怕冷、腰酸、性机能低下等体征，可选用鹿茸、杜仲、肉苁蓉、巴戟等。阴虚阳盛的体质更宜选用冬虫夏草、石斛、沙参、玉竹、芡实之类，配伍肉禽煲、炖汤水进补。

另外，小寒时节还要加强锻炼。民谚说："冬天动一动，少闹一场病；冬到懒一懒，多喝药一碗。"这说明了冬季锻炼的重要性。在小寒干冷的日子里，人们应该多进行户外的运动，如早晨的慢跑、跳绳、踢毽子等。在精神上宜静神少虑、畅达乐观，不为琐事劳神，心态平和，增添乐趣。

此外，在小寒节气里，患心脏病和高血压病的人往往会病情加重，患"中风"的人会增多。中医认为，人体内的血液，得温则易于流动，得寒就容易停滞，所谓"血遇寒则凝"，说的就是这个道理。所以保暖工作一定要做好，尤其是老年人和婴幼儿。

六、大寒

1. 大寒概况

每年1月20日前后太阳到达黄经300度时为大寒。大寒，是天气寒冷到极点的意思。它是中国二十四节气中最后一个节气，过了大寒，又迎来新一年的节气轮回。大寒节气寒潮南下频繁，是中国大部分地区一年中最冷的时期，风大，低温，地面积雪不化，呈现出冰天雪地、天寒地冻的严寒景象。这个时期，铁路、邮电、石油、海上运输等部门要特别注意及早采取预防大风降温、大雪等灾害性天气的措施。农业上要加强牲畜和越冬作物的防寒防冻。

我国古代将大寒分为三候："一候鸡乳；二候征鸟厉疾；三候水泽腹坚。"就是说到大寒节气便可以孵小鸡了；而鹰隼之类的征鸟，却正处于捕食能力极强的状态中，盘旋于空中到处寻找食物，以补充身体的能量抵御严寒；在一年的最后5天内，水域中的冰一直冻到水中央，且最结实、最厚。

2. 大寒节气表征及农事

大寒节气，大气环流比较稳定，环流调整周期大约为 20 天。此种环流调整时，常出现大范围雨雪天气和大风降温。我国受西北风气流控制及不断补充的冷空气影响便会出现持续低温。

同小寒一样，大寒也是表征天气寒冷程度的节气。近代气象观测记录虽然表明在中国绝大部分地区大寒不如小寒冷但是，在个别年份和沿海少数地方，全年最低气温仍然会出现在大寒节气内。大寒时节，中国南方大部分地区平均气温多为 6~8℃，比小寒高出近 1℃。"小寒大寒，冷成一团"的谚语，说明大寒节气也是一年中的寒冷时期。所以，人们应该注意保暖，尤其是老年人和婴幼儿，同时要继续做好农作物防寒工作，特别应注意保护牲畜安全过冬。

对于某些农作物来说，在一定生育期内需要有适当的低温。越冬性较强的小麦、油菜，通过春化阶段就要求较低的温度，否则不能正常生长发育。中国南方大部分地区常年冬暖，过早播种的小麦、油菜，往往长势太旺，提前拔节、抽苔，抗寒能力大大减弱，容易遭受低温霜冻的危害。可见，因地制宜选择作物品种，适时播栽，并采取有效的促进和控制措施，乃是夺取高产的重要一环。

小寒、大寒是一年中雨水最少的时段。常年大寒节气，中国南方大部分地区雨量仅较前期略有增加，华南大部分地区为 5~10 毫米，西北高原山地一般只有 1~5 毫米。华南冬干，越冬作物在这段时间内耗水量较小，农田水分供求矛盾一般并不突出。在雨雪稀少的情况下，不同地区按照不同的耕作习惯和条件，适时浇灌，对小麦等作物生长无疑是大有好处的。

3. 大寒养生

冬三月是生机潜伏、万物蛰藏的时令，此时人体的阴阳消长代谢也处于相当缓慢的时候，所以此时应该早睡晚起，不要轻易扰动阳气，凡事不要过度操劳，要使神志深藏于内，避免急躁发怒。大寒的养生，要着眼于

"藏"。意思是说，人们在此期间要控制自己
的精神活动，保持精神安静，把神藏于内不
要暴露于外。这样才有利于安度冬季。

在寒冷时节，人们要顺应自然规律但并
非被动地适应，而是要采取积极主动的态度，
首先要掌握自然界变化的规律，以期防御外
邪的侵袭。古有"大寒大寒，防风御寒，早
喝人参、黄芪酒，晚服杞菊地黄丸"。这是劳

人参

动人民在生活中的总结，也说明了人们对身体调养的重视。具体来说，可
以通过以下几点来度过寒冷的冬季。

（1）大寒节气因为天气寒冷，因此最需预防的是心脑血管病、肺气
肿、慢性支气管炎，有这些症状的人早晨和傍晚要尽量少出门。

（2）注意保暖，外出时一定加穿外套，戴上口罩、帽子、围巾。

（3）早晚室内要通风换气。室内取暖时要在地板上泼些水或晾一些湿
毛巾之类以保证室内湿度。要多喝白开水，补充体内水分。

（4）老年人可在居室中坚持脸部、手部、足部的冷水浴法，来增强机
体的抗寒能力。

大寒养生，要因地而异、因人而异，找到适合自己的养生办法。只有
这样，才能神清气爽、干劲十足。

4. 过大寒

（1）按大寒节气变化备农事

大寒节气里，各地农活依旧很少。北方地区老百姓多忙于积肥堆肥，
为开春做准备，或者加强牲畜的防寒防冻。南方地区则仍加强小麦及其他
作物的田间管理。广东岭南地区有大寒联合捉田鼠的习俗，因为这时作物
已收割完毕，平时看不到的田鼠窝多显露出来，大寒也就成为岭南当地集
中消灭田鼠的重要时机。除此以外，各地的人们还以大寒气候的变化预测
来年雨水及粮食丰歉情况，便于及早安排农事。

（2）大寒节气的饮食

小寒之后过 15 天就是大寒，也是全年二十四节气中的最后一个节气。此时天气虽然寒冷，但因为已近春天，所以不会像大雪到冬至期间那样酷寒。大寒节气时常与岁末时间相重合，中国人最重要的节日——春节就要到了。因此在大寒节气里，除干农活顺应节气外，还要为过年奔波——赶年集、买年货、写春联，准备各种祭祀供品，扫尘洁物，除旧布新，准备年货，腌制各种腊肠、腊肉，或煎炸烹制鸡鸭鱼肉等各种年肴。同时祭祀祖先及各种神灵，祈求来年风调雨顺。此外，旧时大寒时节的街上还常有人们争相购买芝麻秸的影子。因为"芝麻开花节节高"，除夕夜，人们将芝麻秸撒在路上，供孩童踩碎，谐音吉祥意"踩岁"，同时以"碎"寓"岁"，谐音寓意"岁岁平安"，求得新年节好口彩，这也使大寒驱凶迎祥的节日意味更加浓厚。

大寒期间还有一个对北方人非常重要的日子——腊八节，即阴历十二月初八。在这一天，人们用五谷杂粮加上花生、栗子、红枣、莲子等熬成一锅香甜美味的腊八粥，是人们这个时段不可或缺的一道主食。

又因为大寒与立春相交接，讲究的人家在饮食上也顺应季节的变化。大寒进补的食物量逐渐减少，多添加些具有升散性质的食物，以适应春天万物的升发。广东佛山民间有大寒节瓦锅蒸煮糯米饭的习俗，糯米味甘，性温，食之具有御寒滋补功效。安徽安庆有大寒炸春卷的习俗。

总之，大寒是二十四节气之尾，也是冬季即将结束之兆，隐隐中已可感受到大地回春的迹象！

春季

立春

立春·一候·东风解冻

立春·二候·蛰虫始振

立春·三候·鱼陟负冰

雨水

雨水·一候·獭祭鱼

雨水·二候·鸿雁北

雨水·三候·草木萌动

惊蛰

惊蛰·一候·桃始华

惊蛰·二候·仓庚（黄鹂）鸣

惊蛰·三候·鹰化为鸠

春分

春分·一候·玄鸟至

春分·二候·雷乃发声

春分·三候·始电

清明

清明·一候·桐始华

清明·二候·田鼠化为鹌

清明·三候·虹始见

谷雨

谷雨·一候·萍始生

谷雨·二候·鸣鸠拂其羽

谷雨·三候·戴胜降于桑

夏季

立夏

立夏·一候·蝼蝈鸣

立夏·二候、蚯蚓出

立夏·三候·王瓜生

小满

小满·一候·苦菜秀

小满·二候·靡草死

小满·三候·麦秋至

芒种

芒种·一候·螳螂生

芒种·二候·鵙始鸣

芒种·三候·反舌无声

夏至

夏至·一候·鹿角解

夏至·二候·蝉始鸣

夏至·三候·半夏生

小暑

小暑·一候·温风至

小暑·二候·蟋蟀居宇

小暑·三候·鹰始鸷

大暑

大暑·一候·腐草为萤

大暑·二候·土润溽暑

大暑·三候·大雨时行

秋季

立秋
立秋·一候·凉风至
立秋·二候·白露生
立秋·三候·寒蝉鸣

秋分
秋分·一候·雷始收声
秋分·二候·蛰虫坏户
秋分·三候·水始涸

处暑
处暑·一候·鹰乃祭鸟
处暑·二候·天地始肃
处暑·三候·禾乃登

寒露
寒露·一候·鸿雁来宾
寒露·二候·雀入大水为蛤
寒露·三候·菊有黄华

白露
白露·一候·鸿雁来
白露·二候·玄鸟归
白露·三候·群鸟养羞

霜降
霜降·一候·豺乃祭兽
霜降·二候·草木黄落
霜降·三候·蛰虫咸俯

冬季

立冬
立冬·一候·水始冰
立冬·二候·地始冻
立冬·三候·雉入大水为蜃

冬至
冬至·一候·蚯蚓结
冬至·二候·麋角解
冬至·三候·水泉动

小雪
小雪·一候·虹藏不见
小雪·二候·天气上升，地气下降
小雪·三候·闭塞而成冬

小寒
小寒·一候·雁北乡
小寒·二候·鹊始巢
小寒·三候·雉始鸲

大雪
大雪，一候·鹖鸥不鸣
大雪·二候·虎始交
大雪·三候·荔挺出

大寒
大寒·一候·鸡乳
大寒·二候·征鸟厉疾
大寒·三候·水泽腹坚

参考文献

[1] 郑慧生.认星识历：古代天文历法初步［M］.郑州：河南大学出版社，
    2006.

[2] 李东生.中国历史知识全书：中国古代天文历法［M］.北京：北京科学
    技术出版社，1995.

[3] 丁帛孙.中国古代天文历法基础知识［M］.天津：天津古籍出版社，
    1989.

[4] 陈江风.天文与社会［M］.郑州：河南大学出版社,2002.

[5] 冯时.天文学史话［M］.北京：中国大百科全书出版社，2000.

[6] 徐传武.中国古代天文历法［M］.济南：山东教育出版社，1991.

[7] 北京天文馆.中国古代天文学成就［M］.北京：北京科学技术出版社，1987.

图片授权

中华图片库

林静文化摄影部

敬 启

    本书图片的编选，参阅了一些网站和公共图库。由于联系上的困难，我们与部分入选图片的作者未能取得联系，谨致深深的歉意。敬请图片原作者见到本书后，及时与我们联系，以便我们按国家有关规定支付稿酬并赠送样书。

    联系邮箱：932389463@qq.com